模具制造技术

主　编　孙　传

副主编　胡智土　范建锋

ZHEJIANG UNIVERSITY PRESS
浙江大学出版社

图书在版编目（CIP）数据

模具制造技术 / 孙传主编. —杭州：浙江大学出
版社，2015. 6
ISBN 978-7-308-14685-2

Ⅰ.①模… Ⅱ.①孙… Ⅲ.①模具—制造—中等专业
学校—教材 Ⅳ.①TG76

中国版本图书馆 CIP 数据核字(2015)第 097317 号

内容提要

本书以模具制造技术及其工艺方法为主线,阐述了模具机械加工基础、模具成形表面的机械加工方法、塑料模具加工基础知识、冲压模具加工基础知识、模具装配工艺、塑料模具及冲压模具装配等,同时介绍了模具电火花加工技术和模具成型表面的无屑加工技术等。书中的模具典型零件加工实例均来自于工程中常见的零件实例。

本教材可作为中职学校、技工院校模具设计与制造专业的教材,也可作为相关工程技术人员的参考用书。

模具制造技术

孙　传　主编

胡智土　范建锋　副主编

责任编辑　杜希武
封面设计　刘依群
出版发行　浙江大学出版社
　　　　　（杭州市天目山路 148 号　邮政编码 310007）
　　　　　（网址：http://www.zjupress.com）
排　　版　杭州金旭广告有限公司
印　　刷　浙江省良渚印刷厂
开　　本　787mm×1092mm　1/16
印　　张　12
字　　数　292 千
版 印 次　2015 年 6 月第 1 版　2015 年 6 月第 1 次印刷
书　　号　ISBN 978-7-308-14685-2
定　　价　29.00 元

前 言

在电子、机电、电器、仪器、仪表、家电和通信等产品中,60%－80%的零部件,都要依靠模具成型。用模具生产制作所表现出来的高精度、高复杂度、高一致性、高生产率和低消耗,是其他加工制造方法所不能及的。工业产品大批量生产和新产品开发都离不开模具,因而模具是工业生产的重要基础工艺装备,有"工业之母"之称,模具工业在世界各国经济发展中都具有重要的地位。模具生产技术水平的高低,已经成为衡量一个国家产品制造水平高低的重要标志。目前,"模具制造技术"已经成为中职学校、技工院校模具设计与制造专业的一门必修课程。

为更好地满足中职学校、技工院校"模具制造技术"课程教学的需要,我们按教学大纲要求,结合多年教学实践经验,参考一些其他院校的经验,并针对社会对模具人才的要求以及我校学生的特点,编写了本书。

本书在注重基础知识、全面性的同时,又注重实用性。全书分成6章,分别为:

第1章　模具加工基础知识

第2章　模具成形表面的机械加工

第3章　塑料模具加工基础知识

第4章　冲压模具加工基础知识

第5章　模具装配工艺

第6章　塑料模具及冲压模具装配

书中安排有大量模具制造案例,且多数来自生产实际和教学实践,内容通俗易懂,方便教学。适用于中职学校、技工院校"模具制造技术"课程的教材,也可供有关工程技术人员参考。

本书由孙传、胡智土、范建锋、俞文斌、刘力行、刘春龙、董海泉等编写,其中孙传为本书主编,胡智土、范建锋为副主编。限于编写时间和编者的水平,书中必然会存在需要进一步改进和提高的地方。我们十分期望读者及专业人士提出宝贵意见与建议,以便今后不断加以完善。我们的联系方式:sunchuan1@tom.com。

我们谨向所有为本书提供大力支持的有关学校、企业和领导,以及在组织、撰写、研讨、修改、审定、打印、校对等工作中做出奉献的同志表示由衷的感谢。

最后,感谢浙江大学出版社为本书的出版所提供的机遇和帮助。

作者

2014 年 5 月

目　　录

第 1 章　模具加工基础知识

第 1 节　模具钳工基础知识

1.1　钳工的基本环境及加工设备认知

一、模具钳工的基本要求

模具生产的产品质量,与模具的精度直接相关。模具的结构,尤其是型芯、型腔,通常都是比较复杂的。一套模具,除必要的机械加工或采用某些特种工艺加工(如电火花加工、电解加工、激光加工等)外,余下的很大工作量主要靠钳工来完成的。尤其是一些复杂型腔的最终精修光整,模具装配时的调整、对中等,都靠钳工手工完成。

1. 模具钳工要具备的素质

(1)熟悉模具的结构和工作原理。

(2)了解模具零件、标准件的技术要求和制造工艺。

(3)掌握模具零件的钳工加工方法和模具装配方法。

(4)掌握常用模具的调整方法和维修方法。

2. 安全工作注意事项

由于模具钳工的工作场地很复杂,因此对安全技术及操作要求也很严格,模具钳工工作应遵守以下规定:

(1)作业场地要经常保持整齐清洁,搞好环境卫生;使用的工具和加工的零件、毛坯和原材料等放置要有次序,并且整齐稳固,以保证操作中的安全和方便。

(2)操作用的机床、工具要经常检查(如钻床、砂轮机、手电钻和锉刀等),发现损坏要及时停止使用,待修好再用。

(3)在钳工工作中,例如錾削、锯割、钻孔,以及在砂轮机上修磨工具等,都会产生很多切屑。清除切屑时要用刷子,不要用手去清除,更不要用嘴去吹,以免切屑飞进眼里造成不必要的伤害。

(4)使用电器设备时,必须使用防护用具(如防护眼镜、胶皮手套及防护胶鞋等),若发现防护用具失效,应及时修补更换。

二、钳工设备认知

1. 钳台和虎钳

钳台是钳工工作专用台,如图 1-1 所示,用来安装虎钳、放置工具及零件等。钳台离地面高度为 800～900mm,台面可覆盖铁皮或橡胶。

图 1-1 钳台

　　虎钳安装在钳台上,可分为固定式和活动式。如图 1-2 所示,用来夹持工件。虎钳应牢固安装在钳台上,夹持工件时用力应适中,一般要尽双手的力扳紧手柄,绝不能将虎钳手柄加长来增大加紧力。夹持精密工件时要用软钳口(一般用紫铜或黄铜皮);夹持软性或过大的工件时,不能用力过大,以防工件变形;夹持过长或过大的工件时,要另用支架支撑,以免使虎钳承受过大的压力。

(a) (b)

图 1-2 虎钳

2. 砂轮机

砂轮机用来刃磨钻头、錾子及其他工具,如图 1-3 所示。

　　使用者必须站在砂轮机侧面,不可正面对砂轮。开启电源,等砂轮运转正常后,再进行使用。搁架与砂轮应随时保持小于 3mm 的距离,否则容易发生事故,同时也不便于侧面刃磨。

(a)

(b)

图 1-3　砂轮机

3.钻床

钻床可分为台式铣床、立式钻床、摇臂钻床、手电钻。

(1)台钻。一种小型钻床,如图 1-4 所示,通常钻削直径在 13mm 以下孔的设备,由于转速高,效率高,使用方便,因此,是模具工人经常使用的设备之一。

(2)立式钻床。简称立钻,如图 1-5 所示。立钻是钻床中较为普遍的一种。具有不同的型号,用来加工各种不同尺寸的孔。

(3)摇臂钻床。在加工较大模具的多孔时,使用立钻就不合适了,因为立钻的主轴中心位置不能作前后、左右移动。当钻完一个孔,再钻另一个孔时,必须移动模具,使钻孔的位置对正中心,才能继续钻孔,而搬移大或重的模具比较困难,在这种情况下,使用摇臂钻床就比较方便(图 1-6)。

图 1-4　台钻

图 1-5　立式钻床

图 1-6　摇臂钻床

(4)手电钻。用来钻削 12mm 以下的孔,通常在不便于使用钻床钻孔的情况下使用。

1.2 模具制造工艺规程设计

一、模具制造特点

模具是工业生产的主要装备之一。一套模具制出后,通过它可以生产出数十万件制品或零件,但对于模具本身的制造,它的生产规模只能是单件生产,其生产工艺特征主要表现为:

(1)模具零件的毛坯制造一般采用木模、手工造型、砂型铸造或自由锻造加工而成,其毛坯精度较低,加工余量较大。

(2)模具零件除采用一般普通机床,如车床、万能铣床、内外圆磨床、平面磨床加工外,还需要采用高效、精密的专用加工设备和机床来加工,如仿型刨床、电火花穿孔机床、线切割加工机床、成形磨削机床、电解加工机床等。

(3)模具零件的加工,一般多采用通用夹具。

(4)一般模具广泛采用配合加工方法,对于精密模具应考虑工作部分的互换性。

(5)模具生产专业厂一般都实现了零部件和工艺技术及其管理的标准化、通用化、系列化,把单件生产转化为批量生产。

二、模具的生产过程

模具的生产过程,主要包括模具的设计、模具制造工艺规程的制定、模具原材料的运输和保存、生产的准备工作、模具毛坯制造、模具零部件的加工和热处理、模具的装配、试模与调整及模具的检验与包装的功能。

(1)制定工艺规程。工艺规程是指按模具设计图样,由工艺人员规定出整个模具或零部件制造工艺过程和操作方法。模具加工工艺规程常采用工艺过程卡片形式。工艺过程卡片是以工序为单位,简要说明模具或零部件加工及装配过程的一种工艺文件。它是生产部门及车间进行技术准备、组织生产、指导生产的依据。

(2)组织生产零部件。按零部件生产工艺规程或工艺卡片,组织零部件的生产。利用机械加工、电加工及其他工艺方法,制造出符合设计图样要求的零部件。

(3)模具装配。按规定的技术要求,将加工合格的零部件进行配合与连接,装配成符合模具设计图样结构总图要求的模具。

(4)试模与调整。将装配好的模具进行试模。边试边调整、校正,直到生产出合格的制品零件为止。

1.3 模具加工工艺的选择

一、模具加工方法

模具加工方法见表 1-1。

表 1-1　模具加工方法

	制模方法	使用模具	所需技术	加工精度
铸造方法	1.用锌合金制造	冷冲、塑料、橡胶	铸造	一般
	2.用低熔点合金	冷冲、塑料	铸造	一般
	3.用铍(青)铜方法	塑料	铸造	一般
	4.用合成树脂	冷冲	铸造	一般
切削加工	1.一般机床	冷冲、塑料、压铸、锻造	熟练技术	一般
	2.精密机床	冷冲、其他	熟练技术	精
	3.仿形铣	全部	操作	精
	4.仿形刨	全部	操作	一般
	5.靠模机床	冷冲、其他	操作	精
	6.数控机床	全部	操作	精
特种加工	1.冷挤	塑料、橡胶	阴阳模	精
	2.超声波加工	冷冲、其他	刀具	精
	3.电火花加工	全部	电极	精
	4.线切割加工	全部	一	精
	5.电解加工	冲压、其他	电极	精
	6.电解磨削	冷冲	成型模型	精
	7.电铸加工	冷冲	成型模型	精
	8.腐蚀加工	塑料、玻璃	图样模型	一般

二、冷冲模零件制造工艺方法

冷冲模零件制造工艺方法见表 1-2。

表 1-2　冷冲模零件制造工艺方法

序号	工艺方法	工艺说明	优缺点
1	手工锉削、压印法	先按图样加工好凸(凹)模,淬硬后以此作为样冲反压凹(凸)模,边压边锉削,使其成形	方法陈旧,周期较长,需较高的钳工及热处理技术,对工艺装配要求低,适用于一般设备缺乏的小型工厂模具加工
2	成型磨削	利用专用成型磨床,如 M8950 或在平面磨床上装置成型磨削夹具,进行凸凹模外形加工	加工精度高,解决了零件淬火后易变形的影响。但工艺计算复杂,需要制造许多高精度磨削工卡具
3	电火花加工	利用火花通过电极对模具进行穿孔加工	与成形磨削配合加工出电极和凸模后,对凹模进行穿孔,其加工精度高,解决了热处理变形及开裂问题,是目前广泛采用的加工工艺

续表 1-2

序号	工艺方法		工艺说明	优缺点
4	线切割加工工艺	靠模线电极切割	利用靠模样板控制电极丝的运动来切割形孔	方法直观,工艺易掌握,废品少;但需制样板,其工艺复杂性增加。零件的加工精度取决于样板的精度
		光电跟踪线切割	利用光电头跟踪放大到一定比例的零件图样,通过电器装置及机械装置达到仿形加工	操作简便,可以加工任意几何形状的模具孔。但调整困难,易产生误差
		数字程序控制线切割	根据被加工图样,编好程序,打好纸带输入计算机,由计算机控制加工	综合了各种加工方法的优点,其加工精度高、废品少,可以加工各种形状的零件

三、型腔模加工工艺

型腔模加工工艺见表 1-3。

表 1-3 型腔模加工工艺

序号	加工工艺	工艺说明	优缺点
1	钳工修磨加工	根据图样采用车、铣粗加工后,由钳工修磨抛光成形	劳动强度大、加工精度低,质量不易保证
2	冷挤压型腔	温室下,利用加工淬硬的冲头对金属挤压成形	冲头可多次使用,比较经济,其表面作淬硬化后,提高了模具的寿命;粗糙度值低,无须再加工,需要大吨位挤压设备
3	电镀成形	利用电镀的原理使其成形	可以加工形状复杂、精度高的小型塑压模型腔但工艺时间长,耗电量大
4	电火花加工型腔	利用电火花放电腐蚀金属,对型腔加工成形	对操作工人技术等级要求低,易操作,减少了工时。型体采用整体结构还可以简化设计,是目前正在推广的加工工艺

四、模具零件加工工序的选择

模具零件的加工工序除按表 1-1 加工工艺方法划分外,还可按可达到的加工精度分为粗加工工序、精加工工序及光整加工工序(表 1-4)。

表 1-4 模具零件加工工序的选择

工序名称	加工特点	用途
粗加工工序	从工件上切去大部分工件余量,使其形状和尺寸接近成品要求的工序,如粗车、粗镗、粗铣、粗刨及钻孔等 加工精度不低于 IT11,表面粗糙度 $Ra > 6.3\mu m$	主要应用于要求不高或非表面配合的最终加工,也可作为精加工前的预加工

工序名称	加 工 特 点	用　途
精加工工序	从经过粗加工的表面上切去较小的加工余量,使工件达到较高精度及表面质量的工件。常用的方法有精车、精镗、铰孔、模孔、磨平面及成形面、电加工等	主要应用于模具工作零件,如凸、凹模的成形磨削及型腔模的定模芯、动模芯等零件的电加工
光整加工工序	从经过精加工的工件表面上切去很少的加工余量,得到很高的加工精度及很小的表面粗糙度值的加工工序	主要用于导柱、导套的研磨及成形模腔的抛光

五、模具成形零件的加工工序安排

模具成形零件加工工序安排一般为:

(1)毛坯加工。

(2)划线。

(3)坯料加工,采用普通机床进行基准面或六面体加工。

(4)精密划线,编制数控程序,制作穿孔底带、刀具与工装准备。

(5)型面与孔加工,包括钻孔、镗孔、成形铣削加工。

(6)表面处理。

(7)精密成形加工,包括精密电位圆孔及型孔坐标磨削、成形磨削、电火花成形加工、电火花线切割加工及电解加工等。

(8)钳工光整加工及整形。

1.4　模具制造工艺过程的基本要求

模具制造工艺过程应满足以下基本要求:

(1)要保证模具的质量。模具在制造加工中,按工艺规程所生产出的模具,应能达到模具设计图样所规定的全部精度和表面质量的要求,并能批量生产出合格的制品零件来。

(2)要保证制造周期。在制造模具时,应力求缩短制造周期,为此应力求缩短成形加工工艺路线,制定合理的加工工艺,编制科学的工艺标准,经济合理地使用设备,力求变单件生产为多件生产,采用和推行"成组加工工艺"。

(3)模具的成本要低廉。为了降低模具成本,要合理利用材料,缩短模具制造周期,努力提高模具使用寿命。

(4)要不断提高加工工艺水平。制造模具要根据现有条件,尽量采用新工艺、新技术、新材料,以提高模具生产效率,降低成本,使模具生产有较高的技术经济效益和水平。

(5)要保证良好的劳动条件。模具钳工应在不超过国家标准规定的噪声、有害气体、粉尘、高温及低温条件下工作。

第2节 数控加工及特种加工基础知识

2.1 数控加工基本知识

一、数控加工的基本知识

1. 数控与数控机床

数字控制(Numerical Control,NC)是用数字化信号对机床的运动及其加工过程进行控制的一种方法,是一种自动控制技术。数控机床就是采用了数控技术的机床,或者说是装备了数控系统的机床。只需编写好数控程序,机床就能够把零件加工出来。

2. 数控加工

数控加工是指在数控机床上进行零件加工的一种工艺方法。

数控加工与普通加工方法的区别在于控制方式。在普通机床上进行加工时,机床动作的先后顺序和各运动部件的位移都是由人工直接控制。在数控机床上加工时,所有这些都由预先按规定形式编排并输入到数控机床控制系统的数控程序来控制。因此,实现数控加工的关键是数控编程。编制的程序不同就能加工出不同的产品,因此它非常适合于多品种、小批量生产方式。

3. 数控加工工艺设计

工艺设计是对工件进行数控加工的前期工艺准备工作,它必须在程序编制工作以前完成,因为只有工艺设计方案确定以后,程序编制工作才有依据。工艺设计是否优化,往往是造成数控加工成本多少和数控加工差错的主要原因之一,所以编程人员一定要先做好工艺设计,再考虑编程。工艺设计主要有以下内容:

(1)选择并决定零件的数控加工内容。

(2)零件图纸的数控加工艺性分析。

(3)数控加工的工艺路线设计。

(4)数控加工的工序设计。

(5)数控加工专用技术文件的编写。

二、数控机床的工作原理与分类

1. 数控机床的工作原理

数控机床加工零件时,首先要根据加工零件的图样与工艺方案,按规定的代码和程序格式编写零件的加工程序单,这是数控机床的工作指令。通过控制介质将加工程序输入到数控装置,由数控装置将其译码、寄存和运算之后,向机床各个被控量发出信号,控制机床主运动的变速、起停、进给运动及方向、速度和位移量,以及刀具选择交换,工件夹紧松开和冷却润滑液的开、关等动作,使刀具与工件及其他辅助装置严格地按照加工程序规定的顺序、轨迹和参数进行工作,从而加工出符合要求的零件。

2. 数控机床的组成

数控机床主要由控制介质、数控装置、伺服系统和机床本体等四部分组成,如图 1-7 所示。

图 1-7　数控机床的组成

（1）控制介质。控制介质是用于记载各种加工信息（如零件加工工艺过程、工艺参数和位移数据等）的媒体，经输入装置将加工信息送给数控装置。常用的控制介质有标准的纸带、磁带和磁盘，还可以用手动方式（MDI 方式）或者用与上一级计算机通信方式将加工程序输入 CNC 装置。

（2）数控装置。数控装置是数控机床的核心，它的功能是接受输入装置输入的加工信息，经过数控装置的系统软件或逻辑电路进行译码、运算和逻辑处理之后，发出相应的脉冲送给伺服系统，通过伺服系统控制机床的各个运动部件按规定要求动作。

（3）伺服系统。伺服系统由伺服驱动电动机和伺服驱动装置组成，它是数控系统的执行部分。机床上的执行部件和机械传动部件组成数控机床的进给伺服系统和主轴伺服系统，根据数控装置的指令，前者控制机床各轴的切削进给运动，后者控制机床主轴的旋转运动。伺服系统有开环、闭环和半闭环之分，如图 1-8 所示。在闭环和半闭环伺服系统中，还需配有检测装置，用于进行位置检测和速度检测。

图 1-8　开环、闭环和半闭环

(4)机床本体。数控机床的本体包括:主运动部件,进给运动部件如工作台,刀架及传动部件和床身立柱等支撑部件,此外还有冷却、润滑、转位、夹紧等辅助装置。对加工中心类的数控机床,还有存放刀具的刀库,交换刀具的机械手等部件。

3. 数控机床的分类

国内外数控机床的种类有数千种,如何分类尚无统一规定。常见的分类方法有:按机械运动的轨迹可分为点位控制系统、直线控制系统和轮廓控制系统。按伺服系统的类型可分为开环控制系统、闭环控制系统和半闭环控制系统。按控制坐标轴数可分为两坐标数控机床、三坐标数控机床和多坐标数控机床。按数控功能水平可分为高档数控机床、中档数控机床和低档数控机床。

但从用户角度考虑,按机床加工方式或能完成的主要加工工序来分类更为合适。按照数控机床的加工方式,可以分成以下几类:

(1)金属切削类数控机床。有数控车床、数控铣床、数控钻床、数控镗床、数控磨床、数控齿轮加工机床和加工中心等。

(2)金属成形类数控机床。有数控折弯机、数控弯管机、数控冲床、数控旋压机等。

(3)特种加工类数控机床。有数控电火花线切割机床、数控电火花成形机床及数控激光切割焊接机等。

三、数控加工的特点与应用

1. 数控加工的特点

(1)加工精度高。数控机床是精密机械和自动化技术的综合,所以机床的传动精度与机床的结构设计都考虑到要有很高的刚度和热稳定性,它的传动机构采用了减小误差的措施,并由数控装置补偿,所以数控机床有较高的加工精度。数控机床的定位精度可达 ± 0.005mm,重复定位精度为 ± 0.002mm。而且数控机床的自动加工方式还可以避免人为的操作误差,使零件尺寸一致,质量稳定,加工零件形状愈复杂,这种特点就愈显著。

(2)自动化程度高和生产率高。数控加工是按事先编好的程序自动完成零件加工任务的,操作者除了安放控制介质及操作键盘、装卸零件、关键工序的中间测量以及观察机床的运动情况外,不需要进行繁重的重复性手工操作,因此自动化程度很高,管理方便。同时,由于数控加工能有效减少加工零件所需的机动时间和辅助时间,因而加工生产率比普通机床高很多。

(3)适应性强。当改变加工零件时,只需更换加工程序,就可改变加工工件的品种,这就为复杂结构的单件、小批量生产以及试制新产品提供了极大的便利,特别是普通机床很难加工或无法加工的精密复杂型面。

(4)有利于生产管理现代化。用数控机床加工零件,能准确地计算零件的加工工时,并有效地简化了检验和工夹具、半成品的管理工作,这些都有利于使生产管理现代化。

(5)减轻劳动强度,改善劳动条件。操作者不需繁重而又重复的手工操作,劳动强度和紧张程度大大改善,另外工作环境整洁,劳动条件也相应改善。

(6)成本高。数控加工不仅初始投入资金大(数控设备及计算机系统),而且复杂零件的编程工作量也大,从而增加了它的生产成本。

2. 数控加工的应用

从数控加工的一系列特点可以看出,数控加工有一般机械加工所不具备的许多优点,所以其应用范围也在不断地扩大。它特别适合加工多品种、中小批量以及结构形状复杂、加工精度要求高的零件,特别是加工需频繁变化的模具零件,越来越多地侧重于数控加工技术。但数控加工目前并不能完全代替普通机床,也还不能以最经济的方式解决机械加工中的所有问题。

3. 数控加工技术的发展

数控加工技术是综合运用了微电子、计算机、自动控制、自动检测和精密机械等多学科的最新技术成果而发展起来的,它的诞生和发展标志着机械制造业进入了一个数字化的新时代,为了满足社会经济发展和科技发展的需要,它正朝着高精度、高速度、高可靠性、多功能、智能化及开放性等方向发展。

2.2 模具数控加工及数控工艺设计

数控加工技术在模具制造中的应用越来越广泛,而数控工艺和编程的优劣将直接影响模具加工的效率和质量。工艺分析不合理,会造成工艺设计不合理,影响编程工作,甚至造成数控加工出错,导致模具报废。合理的工艺分析,可获得事半功倍的效果。

一、适于数控加工的模具零件结构

1. 选择合适的工艺基准

由于数控加工多采用工序集中的原则,因此要尽可能采用合适的定位基准。一般可选模具零件上精度高的孔作为定位基准孔。如果零件上没有基准孔,也可设置专门的工艺孔作为定位基准,如在毛坯上增加工艺凸台或在后续工序要切除的余量上设置定位基准孔。

2. 加工部位的可接近性

对于模具零件上一些刀具难以接近的部位(如钻孔、铣槽),应关注刀具的夹持部分是否与零件相碰。如发现上述情况,可使用加长柄刀具或小直径专用夹头。

3. 外轮廓的切入切出方向

在数控铣床上铣削模具零件的内外轮廓时,刀具的切入点和切出点选择在零件轮廓几何零件的交点处,并根据零件的结构特征选择合适的切入和切出方向。如铣削外轮廓表面时要沿外部曲线延长线的切向切入或切出,以免在切入处产生刀具刻痕;而铣削内轮廓表面(如封闭轮廓)时,只能沿轮廓曲线法向切入或切出,但应避免造成刀具干涉问题。

4. 零件内槽半径 R 不宜过小

零件内槽转角处圆角半径 R 的大小决定了刀具直径 D 的大小,而刀具的直径尺寸又受零件内槽侧壁高度 H(H 为内槽侧壁最大高度)的影响,这种影响则关系到加工工艺性的优劣。如图 1-9 所示,当 $R \leqslant 0.2H$ 时,表示该部位的工艺性不好,而 $R > 0.2H$ 时,则其工艺性好。因为转角处圆角半径较大时,可使用直径较大的铣刀,一般取铣刀半径等于 $(0.8 \sim 0.9)R$。铣刀半径大,刚性好,进给次数相应少,从而加工表面质量提高。

图 1-9 零件内槽圆角半径不宜过小

5.在铣削零件内槽底面时,底面与侧壁间的圆角半径 r 不宜过大

铣刀与铣削平面接触的最大直径 $d=D-2r$ (D 为铣刀直径)。如图 1-10 所示,当 D 为一定值时,槽底圆角半径 r 越大,铣刀端刃铣削平面的面积越小,加工表面的能力就越差,铣刀易磨损,其寿命也越短,生产效率就越低。当 r 大到一定程度时,甚至必须使用专用的球头铣刀才能加工,因此在设计图上应尽量避免这种结构。

图 1-10　内槽底面与倒壁间的圆角半径不宜过大

6.特殊结构的处理

对于薄壁复杂型腔等特殊结构的模具零件,应根据具体情况采取有效的工艺手段。对于一些薄壁零件,例如厚度尺寸要求较高的大面积薄壁(板)零件,由于数控加工时的切削力和薄壁零件的弹性变形容易造成明显的切削振动,影响厚度尺寸公差和表面粗糙度,甚至使切削无法正常进行,此时应改进装夹方式,采用粗精分开加工及对称去除余量等加工方法。

对于一些型腔表面复杂、不规则、精度要求高,且材料硬度高、韧性大的模具零件,可优先考虑采用数控电火花成形加工。这种加工方法电极与零件不接触,没有机械加工的切削力,尤其适宜加工刚度低的模具型腔及进行细微加工。

对于模具上一些特殊的型面,如角度面、异形槽等,为保证加工质量与提高生产效率,可采用专门设计的成形刀加工。

二、编程原点及定位基准的选择

1.编程原点的选择

编程原点通常作为坐标的起始点和终止点,它的正确选择将直接影响到模具零件的加工精度和坐标尺寸计算的难易程度。在选择编程原点时应注意以下原则:

(1)编程原点尽可能与图样的尺寸基准(设计基准与工艺基准)相重合,例如以孔定位的零件,应以孔的中心作为编程原点,对于一些形状不规则的零件,可在其基准面(或线)上选择编程原点,当加工路线呈封闭形式时,应在精度要求较高的表面选择编程原点(或加工起始点)。

(2)编程原点的选择应有利于编程和数值计算简便。

(3)编程原点所引起的加工误差应最小。

(4)编程原点应易找出,且测量位置较方便。

2.定位基准的选择

数控加工中应采用统一的定位基准,否则会因零件的多次安装而引起较大的误差。零件结构上最好有合适的可作为统一定位基准的孔或面。若没有合适的,可在工件上增设工艺凸台或工艺孔。若确实难以在零件上加工出统一的定位基准要素时,可选择经过精加工的组合表面作为统一的定位基准,以减少多次装夹所产生的误差。

三、刀具的选择及走刀

1. 刀具的选择

合理选择刀具是数控加工工艺分析的重要内容之一。模具型腔或凸模成形表面,多使用模具铣刀进行加工。模具铣刀可分为圆锥铣刀(圆锥半角为 3°、5°、7°、10°),圆柱形球头铣刀和圆锥形球头铣刀,它们的圆周与球头(或端面)上均有切削刃,可作径向和轴向切削。立体型面和变斜角轮廓外形加工,一般多采用球头铣刀、环形铣刀、鼓形铣刀、圆锥立铣刀等。但加工较为平坦的曲面时,若使用球头铣刀顶端刃切削,切削条件较差,效率低;若采用环形铣刀,加工质量和效率明显提高。

在数控编程中,刀具部分的几何参数可用两个选项来设定。第一个选项用来确定刀体类型,包括圆柱形和圆锥形刀具;第二个选项用来确定刀头类型,包括平头、球形和圆角。

定义刀具几何形状的参数包括如下几项:

(1)刀锥角度。用于定义圆锥刀具的刀具轴线与刀具斜侧刃的夹角,用角度表示。当角度为零时,就表示圆柱铣刀。

(2)刀具半径。对圆柱铣刀而言,指刀具圆柱形工作截面的半径;对圆锥铣刀而言,指圆锥刀体部分与刀头相接处的圆的半径。

(3)圆角半径。对具有球头或圆角头的刀具来说,它是指球的半径或圆角半径。

(4)刀具高度。用来表示刀具切削部分的高度值。

在生成刀具运动轨迹的编程中,刀具选择合理与否,关系到零件的加工精度、效率及刀具的使用寿命。一般来说,金属模具粗加工时,采用 φ50mm 以上的平头刀或球头刀进行加工;半精加工时,采用 φ30mm 以上的平头刀或球头刀进行加工;精加工应选择刀具半径小于被加工曲面的最小凹向曲率半径的球头刀进行加工。

2. 加工路线的确定

确定加工路线时,要在保证被加工零件获得良好的加工精度和表面质量的前提下,力求计算容易,走刀路线短,空刀时间少。

(1)平面轮廓的加工路线

平面轮廓零件的表面多由直线和圆弧或各种曲线构成,常用 2 坐标联动的 3 坐标铣床加工,编程较简单。图 1-11 所示为直线和圆弧构成的平面轮廓。零件轮廓为 ABCDE,采用半径为 r 的圆柱铣刀进行周向加工,虚线为刀具中心的运动轨迹。当机床具备 G41、G42 功能可跨象限编程时,可按轮廓划分程序段;如果机床不具备跨象限编程能力,需按象限划分圆弧程序段(程序段数会增加)。

图 1-11　平面轮廓的铣削

在铣削平面轮廓时,为保证加工能光滑过渡,应增加切入外延 PA'、切出外延 $A'K$、让刀 KL 以及返回 LP 等程序段,这样可以减少接刀痕迹,保证轮廓的表面质量。相反,若铣刀沿法向直接切入零件,就会在零件外形上留下明显的刀痕。

同时,加工中要尽量避免进给中途停顿。因为加工过程中零件、刀具、夹具、机床工艺系统在弹性变形状态下平衡,若进给停顿则切削力会减小,切削力的突变就会使零件表面产生变形,在零件表面上留下凹痕。

铣削加工中不同的走刀路线往往会给加工编程带来不同的影响,图 1-12 所示为加工内槽的 3 种走刀路线。所谓内槽是指以封闭曲线为边界的平底凹坑。这种内槽用平底立铣刀加工,刀具圆角半径应符合内槽的图纸要求。图 1-12(a)和图 1-12(b)分别表示用行切法和环切法加工内槽。两种走刀路线的共同点是都能切净内腔中的全部面积,不留死角,不伤轮廓,同时能尽量减少重复走刀的搭接量。但是,行切法将在每两次走刀的起点与终点间留下残留高度,而达不到所要求的表面粗糙度。通常先用行切法,最后环切一刀,光整轮廓表面,能获得较好的效果(图 1-12(c))。从数值计算的角度看,环切法的刀位点计算稍微复杂,需要逐次向外扩展轮廓线。若从走刀路线的长短比较,行切法略优于环切法,但在加工小面积内槽时,环切的程序要短些。

图 1-12　铣削内槽的 3 种走刀路线

（2）曲面轮廓的加工路线

曲面加工中常用球头铣刀、环形刀、鼓形刀、锥形刀和盘铣刀等,切削时根据曲面的具体情况选择刀具的几何形状。通常根据曲面形状、刀具形状以及精度要求,采用不同的铣削方法,如用 2.5 轴、3 轴、4 轴、5 轴等插补联动加工来完成立体曲面的加工。

对于三维曲面零件,根据曲面形状、精度要求、刀具形状等情况,通常采用两种方法加工:一种是 2 坐标联动的 3 坐标加工,即 2.5 轴加工,此方法常用来加工不太复杂的空间曲面零件;另一种是 3 坐标联动加工,这种方法要求所用机床的数控系统必须具备 3 轴联动的功能,常用来加工比较复杂的空间曲面零件。

三维曲面的行切法(又叫行距法)加工,是用球头铣刀一行一行地加工曲面,每加工完一行后,铣刀要沿一个坐标方向移动一个行距(图 1-13),直至将整个曲面加工出为止。在用 3 坐标联动加工时,球头铣刀沿着曲面一行一行连续切削,最后获得整张曲面(图 1-13(a));当用 2 坐标联动的 3 坐标加工时,相当于以平行于某一坐标平面的一组平面将被加工曲面切成许多薄片,切削一行就相当于加工一个平面曲线轮廓,每加工完一行后,铣刀沿某一坐标方向就移动一个行距,直至加工好整个曲面(图 1-13(b))。

图 1-13　曲面的行切法加工

应用行切法的加工结果如图 1-14 所示。图 1-14(a)表示 2.5 轴加工产生金属残留高度 H;图 1-14(b)表示在 3 坐标联动加工时,铣刀沿切削方向采用直线插补的加工结果。

图 1-14　行切法的加工结果

4 坐标、5 坐标加工用于比较复杂、要求较高的曲面加工,其工艺处理的基本步骤和原则与 3 坐标曲面加工有许多类似之处,但计算上更为复杂,一般都采用自动编程方法。

四、走刀速度、进给速度

在数控编程中,有五种进给速度可供选择,即切削进给速度、跨越进给速度、接近工件表面进给速度、退刀和空刀进给速度。

(1)切削进给速度。切削进给速度应根据所采用机床的功率、刀具材料和尺寸,被加工零件的切削加工性能和加工余量的大小综合确定。一般原则是:工件表面的加工余量大、硬度高,则切削进给速度低;反之则切削进给速度高。切削进给速度可由操作者根据被加工工件表面的具体情况进行调整,以获得最佳切削状态。

(2)跨越进给速度。跨越进给速度是指在曲面区域加工中,刀具从一切削行运动到下一切削行之间所具有的运动速度,该速度一般与切削进给速度相同。

(3)接近工件表面进给速度。为了使刀具安全、可靠地接近工件表面,接近工件的进给速度不宜太高,一般为切削进给速度的 1/5。

(4)退刀和空刀进给速度。为了缩短非切削加工时间,降低生产成本,退刀和空刀进给速度应选择机床所允许的最大进给速度。

(5)主轴转速。主轴转速应根据所采用机床的功率、刀具材料和尺寸、被加工零件的切削加工性能和加工余量来综合确定。对于大余量的钢类或铸铁类零件的表面加工,主轴转速不能选得太高,否则容易损坏刀具或使刀具磨损过度;对小余量的钢类或铸铁类零件的表面精加工,在刀具能正常使用的前提下,尽量加快主轴的转速,以获得高质量的加工表面。

2.3 模具高速切削技术

什么是高速加工?所谓高速铣削是指高转速、大进给、小切削的加工工艺,但高速加工并不仅仅是使用更高的主轴转速和更快的机床进给来加工原来的刀路。它是小切削恒定负荷、快速走刀,需要使用非常高的刀具切削线速度,这来自主轴转速和刀具尺寸。高速加工还需要特殊的加工工序和加工方法,可直接加工淬火材料。最后,高速加工能充分发挥机床和刀具的切削效率。

一、高速加工的许多优点

(1)得到较高的表面质量。

(2)加工效率高,缩短生成周期。

(3)有利于使用较小的刀具加工。

(4)实现了高硬度材料、脆性材料和薄壁材料的加工。

(5)自动化程度高。

二、高速切削技术在模具生产中的特点

现在模具加工制造过程中,主要以普通机加工和数控铣及电火花加工为主。数控铣加工模具型腔一般都是在热处理前进行粗加工、半精加工和精加工,加工未到位处再加以电火花加工,然后打磨抛光,费时又费力,加工效率不高(靠加班加点完成任务)。随着产品更新换代速度的加快,对模具的生产效率和制造品质提出了越来越高的要求,要缩短制造周期并降低成本,必须广泛采用先进切削加工技术。而代表先进制造技术的高速切削技术的出现,满足了现代模具加工的要求与特点,模具产品精度质量高,工时短、刀具、材料成本消耗低、安全有效,如图 1-15 所示。

图 1-15 模具生产的总体步骤

(1)它实现了高效率、高质量曲面加工。

(2)省略两个工序(电火花加工、光整加工),节省了 30%～50% 时间。

高速切削技术可加工淬硬钢,而且可得到很高的表面质量,表面粗糙度低于 $Ra\ 0.6\mu m$,取得以铣代磨的加工效果,不仅节省了大量的时间,还提高了加工表面质量。采用高速切削,不仅机床转速高、进给快,而且粗精加工可以一次完成,极大地提高了生产效率,模具的制造周期大大缩短。高速切削加工模具既不需要做电极,也不需要后续研磨与抛光,还容易实现加工过程自动化,提高了模具的开发速度。

三、高速切削技术（High Speed Machining）的应用

高速切削技术制造模具，具有切削效率高，可明显缩短机动加工时间，加工精度高，表面质量好，因此可大大缩短机械后加工、人工后加工和取样检验辅助工时等许多优点。今后，电火花成形加工应该主要针对一些尖角、窄槽、深小孔和过于复杂的型腔表面的精密加工。高速切削加工在发达国家的模具制造业中已经处于主流地位，据统计，目前有 85% 左右的模具电火花形加工工序已被高速加工所取代。但是由于高速切削的一次性设备投资比较大，在国内，高速切削与电火花加工还会在较长时间内并存。

模具的高速切削中对高速切削机床有下列技术要求：

（1）主轴转速高（12000r/min 以上），功率大。

（2）机床的刚度好。

（3）主轴转动和工作台直线运动都要有极高的加速度。

由于高速切削时产生的切削热和刀具的磨损比普通速度切削高很多，因此，高速刀具的配置十分重要，主要表现为：

（1）刀具材料应硬度高、强度高、耐磨性好，韧度高、抗冲击能力强，热稳定和化学稳定性好；

（2）必须精心选择刀具结构和精度、切削刃的几何参数，刀具与机床的连接方式广泛采用锥部与主轴端面同时接触的 HSK 空心刀柄，锥度为 1∶10，以确保高速运转刀具的安全和轴向加工精度。

（3）型腔的粗加工、半精加工和精加工一般采用球头铣刀，其直径应小于模具型腔曲面的最小曲率半径；而模具零件的平面的粗、精加工则可采用带转位刀片的端铣刀。

四、五轴模具加工技术

五轴加工是指在一台机床上至少有五个坐标轴（三个直线坐标和两个旋转坐标），而且可在计算机数控（CNC）系统的控制下同时协调运动进行加工，它集机床结构、数控系统和编程技术于一体的综合应用。

五轴加工多用于零件形状复杂的行业，如航空航天、电力、船舶、高精密仪器、模具制造等。五轴加工的应用技术难度较大，国际上把五轴联动数控技术作为一个国家自动化水平的标志。

五轴加工具有如下优点：

（1）刀具可以对工件呈任意的姿势进行加工；可以使加工刀具尽可能地短（图 1-16）；可避免切削速度为零的现象，延长刀具寿命降低成本。

（2）可以加工复杂的、以前只能通过浇注方法才能得到的零件（图 1-17）。

（3）可提高模具零件的加工精度、表面加工质量。

（4）可减少工件装夹次数，缩短加工时间。

（5）可减少放电区域、减少模具抛光、减少电极数量、减少加工设备、减少制作流程。

（6）对于较深的型腔加工，可灵活应用刀具前倾角、侧倾角，产生最佳加工程序。

图 1-16　短加工刀具

图 1-17　整体叶轮加工

五轴加工可分五轴定位加工和五轴联动加工。

(1)五轴定位加工(3+2)如图 1-18 所示。主要用于航天、机械、汽车、机车零件、五轴钻孔、五面体加工,具有所有三轴切削功能。

图 1-18　五轴定位加工(3+2)示意图

(2)五轴联动加工

主要用于航天、汽车、机车零件、整体叶轮、叶片、手表、切削刀具、模具加工(鞋模、轮胎模、保特瓶模、汽车模)、较深的型腔加工(毛坯残留计算,应用前倾角、侧倾角,产生最佳加工程序)。

2.4　电加工技术

一、电火花成型加工的基本知识

电火花加工是在一定介质中,通过工具电极和工件电极之间脉冲放电时的电腐蚀作用,对工件进行加工的一种工艺方法。它可以加工各种高硬度、高熔点、高强度、高纯度、高韧性材料,在模具制造中应用于型孔和型腔的加工。

1.电火花加工的基本原理

电火花加工的原理是基于工具和工件(正、负电极)之间脉冲电火花放电时的电腐蚀现象来腐蚀多余的金属,以达到对工件的尺寸、形状及表面质量等预定的加工要求。电火花腐蚀的主要原因是:因为电火花放电时火花通道中瞬时产生大量的热,达到很高的温度,足以使任何金属材料局部熔化、气化而被腐蚀掉,形成放电凹坑。

要用电火花来加工型腔,必须通过图 1-19 所示的电火花加工系统来实现的。工件 1 与工具电极 4 分别与脉冲电源 2 的两输出端相连接。自动进给调节装置 3(此处为电动机及丝杆、螺母、导轨)使工具电极和工件间经常保持一个很小的放电间隙。当脉冲电压加到两极之间时,便在当时条件下相对某一间隙最小处或绝缘强度最低处击穿介质,在给局部产生火花放电,瞬时高温使工具电极和工件表面都腐蚀掉一小部分金属,各自形成一个小凹坑,脉冲放电结束后,经过一段间隔时间(即脉冲间隔 t_o 约为 $10\sim1000\mu s$),使工作液恢复绝缘后,第二个脉冲电压又加到两极上,又会在当时极间距离相对最近或绝缘强度最弱处击穿放电,又腐蚀一个小凹坑。这样随着相当高的频率,连续不断地重复放电,工具电极不断地向工件进给,就可以将工具电极的端面和横截面的形状复制在工件上,加工出所需的和工具电极形状阴阳相反的零件,整个加工表面将由无数个小凹坑所组成。

1-工件　2-脉冲电源　3-自动进给调节装置　4-工具电极
5-工作液　6-过滤器　7-工作液泵
图 1-19　电化学加工原理

2.电火花加工的主要特点

(1)脉冲放电产生的高温火花通道足以熔化任何材料,因此,所用的工具电极无须比工件材料硬。它便于加工用机械加工方法难以加工或无法加工的特殊材料。包括各种淬火钢、硬质合金、耐热合金等任何硬、脆、韧、软、高熔点的导电材料。在具备一定条件时,也可加工半导体和非导体材料。

(2)加工时工具电极与工件不接触,两者之间宏观作用力极小,不存在因切削力而产生的一系列设备和工艺问题。因此,可不受工件的几何形状的影响,有利于加工通常机械切削方法难以或无法加工的复杂形状工件和具有特殊工艺要求的工件,例如薄壁、窄槽、各种型孔、立体曲面等。

(3)脉冲参数可以任意调节,在同一台机床上能连续进行粗、中、精加工。由于工具电极和工件具有仿形加工的特性,因而具有多种金属切削机床的功能。

(4)用电能进行加工,便于实现自动控制和加工自动化。但是电火花加工的基本原理,也常带来这种工艺存在的局限性。例如生产效率较低、工具电极有损耗、影响尺寸加工的精度等,这些还需要进一步研究提高。

3.电火花加工在模具制造中的应用

主要有以下几个方面：

(1)各种模具零件的型孔加工。冲裁、复合模、连续模等各种冲模的凹模；凹凸模、固定板、卸料板等零件的型孔；拉丝模、拉深模等具有复杂型孔的零件等。

(2)复杂形状的型腔加工。如锻模、塑料模、压铸模、橡皮模等各种模具的型腔加工。

(3)小孔加工。对各种圆形、异形孔的加工(可达 0.15mm 直径)，如线切割的穿丝孔、喷丝板的型孔等。

(4)电火花磨削。如对淬硬钢、硬质合金工件进行平面磨削、内外圆磨削、坐标孔磨削以及成形磨削等。

(5)强化金属表面。如对凸模和凹模进行电火花强化处理后，可提高耐用度。

(6)其他加工。如刻文字、花纹、电火花攻螺纹等。

二、电火花线切割加工基本知识

1.电火花数控线切割加工基本原理

电火花线切割时电极丝接脉冲电源的负极，工件接脉冲电源的正极。当来一个电脉冲时，在电极丝和工件之间产生一次火花放电，在放电通道中心温度瞬时可达 10000℃以上，高温使工件金属熔化，甚至有少量气化，高温也使电极和工件之间的工作液部分产生汽化，这些汽化后工作液和金属蒸气瞬间迅速热膨胀，并且有爆炸的特点。这种热膨胀和局部微爆炸，抛出熔化和气化了的金属材料，而实现对工件材料进行电蚀切割加工。通常认为电极丝与工件之间的放电间隙 δ 在 0.01mm 左右，若电脉冲的电压高，放电间隙会大一些。线切割编程时，一般取 $\delta=0.01mm$。

为了确保每来一个电脉冲在电极丝和工件之间产生的是电火花放电而不是电弧放电，必须创造必要的条件。首先必须使两个电脉冲之间有足够的间隔时间，使放电间隙中的介质电离，即使放电通道中的带电粒子复合为中性粒子，恢复本次放电通道处间隙中介质的绝缘强度，以免总在同一处发生放电而导致电弧放电。一般脉冲间隔应为脉冲宽度的 4 倍以上。

为了保证火花放电时电极丝(一般用钼丝)不被烧断，必须向放电间隙注入大量的工作液，以使电极丝得到充分冷却。同时电极丝必须作高速轴向运动，以避免火花放电总在电极丝的局部位置而被烧断，电极丝速度约在 7～10m/s 左右。有利于不断往放电间隙中带入新的工作液，同时也有利于把电蚀产物从间隙中带出。

电火花切割加工时，为了获得比较好的表面粗糙度和高的尺寸精度，并保证钼丝(电极丝)不被烧断，应选择好相应的脉冲参数，并使工件和钼丝之间的放电必须是火花放电，而不是电弧放电。

2.电火花数控线切割加工的特点

(1)适合于难切削材料的加工。由于加工中材料的去除是靠放电时的电热作用实现的，材料的可加工性主要取决于材料的导电性及热学特性，如熔点、沸点(气化点)、比热容、热导率、电阻率等，而几乎与其力学性能(硬度、强度等)无关。

(2)可以加工特殊及复杂形状的零件，由于加工中钼丝和工件不直接接触，没有机械加工的切削力，因此适宜加工低刚度工件及微细加工。

(3)采用标准通用电极丝，市场购买、更换方便，大大降低了电极的设计与制造费用，缩短了生产准备时间,加工周期短,这对新产品的试制是很有意义的。

(4)电极丝比较细,可以加工微细异形孔、窄缝和复杂形状的工件。由于窄缝很窄,且只对工件材料进行"套件"加工,实际金属去除量很少,材料的利用率高,这对加工、节约贵重金属有重要意义。

(5)采用移动的长电极丝进行加工,使单位长度电极丝的损耗较少,从而对加工精度的影响比较小。

(6)自动化程度高,操作方便,加工周期短,成本低,较安全,但工件必须具导电性。

3.电火花数控线切割加工的适用范围

线切割加工为新产品试制、精密零件加工及模具制造开辟了一条新的工艺途径,主要适用于以下几个方面:

(1)加工模具。适用于加工各种形状的冲模。调整不同的间隙补偿量,只需一次编程就可以切割凸模、凸模固定板、凹模及卸料板等。模具配合间隙、加工精度通常都能达到要求。此外,还可加工挤压模、粉末冶金模、弯曲模、塑料模等通常带锥度的模具。

(2)加工零件。在试制新产品时用线切割在坯料上直接割出零件,如试制切割特殊微电机硅钢片定、转子铁心,由于不需另行制造模具,可大大缩短制造周期、降低成本。另外修改设计、变更加工程序比较方便,加工薄件时还可以多片叠起来加工。在零件制造方面,可用于加工品种多、数量少的零件、特殊难加工材料的零件、材料试验样件、各种型孔、特殊齿轮、凸轮、样板、成型刀具。同时还可以进行微细加工,异形槽和标准缺陷的加工等。

第 3 节　模具成型面研抛技术

抛光是模具制造过程中一道不可缺少的工序,是模具制造的关键步骤。模具抛光的重要性在于:

(1)型腔模的型腔和型芯的表面粗糙度直接影响制品的脱膜及制品表面粗糙度。

(2)模具型腔电加工后在表面形成脆性大、微裂多的脆硬层和放电痕迹对模具的寿命影响大,必须通过抛光除去。

(3)机械加工表面的微观形貌呈规律起伏的峰谷,构成了大量微小的应力集中源,降低了表面的耐蚀性和疲劳强度,也必须通过抛光除去。

(4)模具制造成本中比例最大的是工时费用,一副制作精良的模具,抛光和研磨的工时往往占总制模工时的 $15\% \sim 45\%$。

因此,为了提高制件质量,保证模具寿命,降低模具制造成本,必须充分重视模具的抛光和研磨工作。

抛光原理就是把表面微观不平度的峰点逐渐除去,使峰谷差值减少,而镜面抛光则要把表面抛光成像镜子一样光可照人。因此,大多数情况下,抛光工序不是对零件尺寸和形状进行修正,而只是降低零件表面的粗糙度值。影响模具表面抛光效果的因素很多,除模具材料的组织、力学性能、抛光前表面的加工状态和工人的经验等外,抛光工序所用的工具、磨料、研磨剂的合理选用、抛光工艺的选择等也都是十分重要的。

抛光可以分为物理抛光和化学或电化学抛光两大类。物理抛光是利用磨料的切削作用将峰点金属去除,而化学或电化学抛光则是利用化学或电化学作用将高点蚀去,也可将两者结合进行联合抛光。目前应用较多、工艺较为成熟的是物理抛光。

3.1 手工研抛和机械研抛技术

一、手工抛光

虽然目前各种抛光机械发展迅猛,但在模具制造中仍然大量采用手工抛光,主要的手工抛光方法如下。

1. 砂纸抛光

这是最为简便的抛光方法,一般采用各号金相砂纸,手持砂纸在模具型腔表面交叉运动进行抛光,根据表面粗糙度要求,由粗到细依次减小砂纸的砂粒大小。必须将前一道砂纸的磨痕完全消去,留下新的更细的磨痕情况下才能擦净表面,进行下一道砂纸的抛光。对平面及凸面抛光时,可用一块像锉刀一样的木条,沿木条长度方向卷上砂纸,像锉削一样进行抛光,而回转表面则可在高速旋转下进行抛光。

2. 油石抛光

油石抛光可用在平面、槽和形状复杂而又没有适当研具的情况下。油石的截面形状有正方形、长方形、三角形、圆形、半圆形和刀形等,应根据被抛表面的形状选择,还可根据需要将油石修磨成特殊形状。油石在抛光前应浸在煤油里,抛光时手压要轻,要经常检查油石的"堵塞"情况。粗抛时可选用 $80\sim150$ 粒号陶瓷黏合剂的碳化硅油石,然后选用更高粒号的油石进行精抛光,与第一次油石打磨方向成 $45°$,直到前一道痕迹消失为止。油石抛光时必须要注意保持油石和被抛表面的清洁,油石和被抛表面不清洁会出现明显的划痕,使前功尽弃,因此每换一次粒度油石都要将被抛表面擦洗干净,油石在工作中也要随时清洗以防"堵塞"。

3. 研磨

研磨是在工件与研具之间放入磨料进行配研的加工。研磨分湿式和干式两种。湿式研磨是在研具与研磨零件之间放入研磨剂和研磨液的混合物进行研磨,干式研磨只放入磨料。模具都采用湿式研磨。

抛光之前的零件应满足以下要求:表面粗糙度小于 $Ra\ 3.2\sim1.6\mu m$,余量小于 $0.1\sim0.12mm$。常用抛光工具有抛光机、毛呢布、布轮、油石、绸布、镊子。常用的抛光材料有抛光剂和抛光液。抛光剂有金刚砂、Cr_2O_3 膏。抛光液有煤油、机油与煤油和透平油的混合物、乙醇。抛光液在研磨中起调和磨料、冷却和润滑作用,以加速研磨过程。对抛光液要求有一定的黏度、良好的润滑和冷却作用,对工件无腐蚀并对操作者无害。

此外,研磨时也常用各种牌号的研磨膏,研磨膏在使用时要加煤油或汽油稀释。

抛光工艺路线及注意事项如下:

(1)用细锉刀粗加工表面,较硬的用油石加工,表面质量以不留刀纹为宜。

(2)用细砂布抛光(也叫砂光)。

(3)采用研磨膏、金刚砂抛光时,应该用毡布、毛呢蘸煤油再进行抛光,摩擦的速度比研磨要快。

(4)抛光剂应先粗后细。

(5)湿抛后用毛呢擦干,干抛后用细丝绸擦净。

磨料的种类很多,如表 1-5 所示。研磨磨料粒度的选择以及能达到的表面粗糙度如表 1-6所示。这两个表同样适用于金相砂纸和油石。

表 1-5 常用磨料

磨料名称	说明	主要用途
金刚石粉	一般为人造金刚石	适用于各种场合
氧化铝粉	为六方晶系磨料的总称,可分为白色、红色、黄色、绿色、蓝色等,主要用于油石及砂布	适用于粗抛光
刚玉粉	在氧化铝粉中添加磁铁矿粉末的混合物	主要用于精抛光
碳化硅粉	碳化硅(绿色或黑色)	用于制造油石
蓝宝石粉	蓝宝石粉末加油膏	用于精抛光软质材料

表 1-6 研磨磨料粒度与对应的表面粗糙度

加工方法	磨料粒度	粗糙度/μm	加工方法	磨料粒度	粗糙度/μm
粗研磨	100♯~120♯	0.80~0.16	精密件粗研	W14~W10	<0.10
	150♯~280♯	0.2~0.40	精密件半精研	W7~W5	0.008~0.05
精研磨	W40~W14	0.05~0.2	精密件精研	W5~W0.5	

研具有手工研具、研磨平板、外圆筒研具和衬套研具等,可适应不同的形状。研具的材质常用的有铸铁、铜和低碳钢等,其硬度要低于研磨零件。

二、机械抛光

由于手工抛光需要熟练技工,劳动强度大,生产效率低,因此采用机械抛光以部分或全部替代手工抛光是发展的趋势。目前已有为数众多的各种机械抛光问世,可根据实际情况选用。机械抛光有电动、气动和超声波的,常用的几种类型如下:

(1)旋转式电动砂轮打磨机。此类打磨机主要用于粗加工各种型面、打毛刺、去焊疤等,是一种简单、粗糙的打磨工具。

(2)手持自身旋转抛光机。此类抛光机通常用于中小模具的研抛加工。配有各种材质、形状和尺寸的砂轮用于修磨工序,同时配有各种尺寸的羊毛毡抛光工具对型腔进行抛光。

(3)手持角式旋转抛光机。此类抛光机和直身式旋转抛光机的不同之处在于能改变主轴角度,使操作人员能在最适宜的位置进行抛光,而且能深入型腔研抛。

(4)手持往复式抛光机。此类抛光机的特点在于研具不作旋转运动而作直线往复运动,因此特别适宜于狭槽平面和角度等处的抛光工作。

(5)圆盘式抛光机。此类抛光机适用于大平面和大曲面等的抛光工作。

3.2 电解抛光与修磨

一、电解抛光

电解抛光是利用电化学阳极溶解的原理对金属表面进行抛光的一种表面加工方法。电解抛光如图 1-20 所示。图 1-20(a)中,件 6 为阳极,即要抛光的型腔,件 2 为阴极,即用铅金属制成的与型腔相似的工具电极。两者之间保持一定的电解间隙。当电解液中通以直流电后,随着阳极表面发生电化学溶解,型腔表面上被一层溶化的阳极金属和电解液所组成的黏膜所覆盖,它的黏度很高,导电性能很低。由于型腔表面高低不平,在凹入的地方黏膜较厚,电阻较大,在凸出的部位黏膜较薄,电阻较小,如图1-20(b)所示。因此,凸出部分的电流密度比凹入部分的大,溶解较快,经过一段时间以后,就逐渐将不平的金属表面蚀平。

(a)电解抛光设备   (b)型腔表面

1-主轴头 2-阴极 3-电解液 4-电解槽 5-电源 6-工件

图1-20 电解抛光示意图

电火花加工后的型腔表面通过电解抛光后,其表面粗糙度可由 $Ra\ 2.5\sim12.5\mu m$ 提高到 $Ra\ 0.63\sim0.32\mu m$。

二、电解修磨

电解修磨加工是通过阳极溶解作用对金属进行腐蚀。以被加工的工件为阳极,修磨工具(即磨头)为阴极,两极由一低压直流电源供电,两极间通以电解液。为了防止两电极接触时形成短路,在工具磨头表面上敷上一层能起绝缘作用的金刚石磨粒,当电流及电解液在两极间流动时,工件(阳极)表面被溶解并生成很薄的氧化膜,这层氧化膜被移动着的工具磨头上的磨粒所刮除,使工件露出新的金属表面,并被进一步电解。这样,由于电解作用和刮除氧化膜作用的交替进行,达到去除氧化膜和提高表面质量的目的。图1-21所示为电解修磨的原理图。

图1-21 电解修磨原理

1.电解修磨的优点

(1)电解修磨是基于电化学腐蚀原理去除金属的。它不会使工件引起热变形或产生应力,工件硬度也不影响腐蚀速度。

(2)经电解修磨后的表面用油石及砂布能较容易地抛光到 $Ra\ 0.4\mu m$ 以上。

(3)用电解修磨法去除硬化层前,模具表面粗糙度达 $Ra\ 3.2\mu m$ 即可,相当于电火花标准加工所得表面粗糙度。这时工具电极损耗小,表面波纹度也低。对于已产生的表面波纹,用电解修磨法也能基本除去,还可用来蚀除排气孔凸起铲除后留下的余痕。

(4)对型腔中用一般修磨工具难以精修的部位及形状,如图1-22所示的深槽、窄缝及不规则圆弧和棱角等,采用异形磨头能较准确地按原型腔进行修磨,这时效果更为显著。

图 1-22　难以精修部位

(5)装置结构简单,操作方便,工作电压低,电解液无毒。适用于对尺寸要求不太严格的塑料模、压铸模、橡胶模具等。

2.电解修磨的缺点

(1)电解修磨主要是手工操作,去除硬化层后仍需手工抛光才能达到实用的表面质量。

(2)人造金刚石寿命高,刃口锋利去除电加工硬化层效果很好,但易使表面产生划痕,对提高表面质量不利。

3.3　超声波抛光

超声波机械加工是利用超声波的能量,通过机械装置对工件进行加工。超声波是频率超过 20000Hz 的弹性波,其波长短、频率高,具有较强的束射性能,使能量高度集中。超声波抛光是利用超声波作为动力,推动细小的磨粒以极高的速度冲击工件表面,从工件上"刺"下无数的材料微粒,而达到抛光加工的目的(图 1-23)。

1-换能器　2-变幅螺杆　3-工具头　4-混有磨粒的悬浮液　5-工件

图 1-23　超声波抛光加工

利用换能器 1 将输入的超声频电振荡转换成机械振动,然后将超声机械振动传给变幅杆 2 加以放大,再传至固定在变幅杆端部的工具头 3 上,使工具头产生超声频率的振动。在工具头 3 与工件 5 之间加入悬浮液 4,并使工具头轻轻地压在工件上。由于工具头以超声频率振动,振幅为 $15\sim30\mu m$,振动功率为 $100\sim1000W$,液体分子及混在液体中的固体磨粒得到一极高的瞬时加速度,撞击和抛磨加工表面。将局部材料破坏成粉末,并从工件上打击下来。同时,工作液受工具头端部的超声振动的作用而产生高频、交变的液压正、负冲击波和空穴现象。正冲击波迫使工作液钻入被加工材料的微细裂缝,加强了机械破坏作用;负冲击波造成局部真空,形成液体空腔来破坏被加工材料,即所谓空穴作用。当液体空穴闭合时,又产生很强的冲击波,从而强化了加工过程。此外,液压冲击波也使磨料工作液在加工间隙中强迫循环,使变钝的磨粒翻滚更新,以利于从工件表面产生微量的碎裂和剥蚀,从而实现超声波抛光。

1. 超声波抛光的主要工艺特点

(1)一般粗规准加工后的抛光余量为 0.15mm 左右,经中、精规准电火花加工后的抛光余量为 0.02～0.05mm。

(2)加工精度可达 ±(0.05～0.01)mm。抛光前工件的表面粗糙度应不大于 Ra 1.25～2.5μm,经抛光后可达 Ra 0.63～0.08μm 或更高。

(3)一般情况下,抛光处的表面粗糙度从 Ra 5μm 减小到 Ra 0.04μm 的抛光速度为 10～15min/cm^2。

(4)抛光工序分为粗抛和精抛两个阶段。精抛时为防止工件表面划伤,可用药棉或尼龙拭纸垫在工具端部,蘸以微粉(常用 Fe_2O_3)作磨料进行抛光。粗、中抛光用水作工作液,细、精抛光用煤油作工作液,亦可干抛。

2. 超声波抛光的适用范围

(1)适用于加工硬脆材料和不导电的非金属材料。

(2)工具对工件的作用力和热影响较小,不产生变形、烧伤和变质层,加工精度达0.01～0.02mm,粗糙度达 1～0.1μm。

(3)可以抛光薄壁、薄片、窄缝和低刚度的零件。

(4)设备简单,使用维修方便,操作容易,成本较低。

(5)抛光头无转动,可以做成复杂形状,抛光复杂型腔。

3. 影响抛光效率的因素

(1)工具的振幅和频率。从原理上讲,增大振幅和频率会提高抛光的效率,但过大又会增加能量的消耗和降低变幅杆和工具的使用寿命,一般情况下振幅控制在 0.01～0.1mm,频率控制在 16000～25000Hz 之间。

(2)工具对零件表面的静压力。抛光式工具对工件的进给力称为静压力。压力过大,磨料和工作液不能顺利更新和交换,降低生产效率。压力过小,降低磨粒对工具的撞击力和切削能力,同样降低效率。

(3)磨料的种类和粒度。高硬度材料的抛光选择碳化硼磨料;硬度不高的脆性材料采用碳化硅磨料。磨料的粒度于振幅有关:当振幅≥0.05mm 时,磨粒愈大加工效率愈高;当振幅<0.05mm 时,磨粒愈小加工效率愈高。

(4)料液比。磨料混合剂中磨料和工作液的体积或质量之比称为料液比。过大或过小都会使抛光效率降低。常用的料液比为 0.5～1。

4. 超声抛光时影响抛光表面质量的因素

抛光的质量指标主要是表面粗糙度,它与磨料粒度、工件材料的性质、工具的振幅等有关,通常是:粒度小,材料硬,超声振幅小,则表面粗糙度的改观就愈大。此外,煤油和机油比水质工作液效果要好。

第4节　模具热处理及表面处理技术

4.1　模具的热处理

一、模具钢的热处理

模具钢的热处理工艺是指模具钢在加热、冷却过程中,根据组织转变规律制定的具体热处理加热、保温和冷却的工艺参数。根据加热、冷却方式及获得组织和性能的不同,热处理工艺可分为常规热处理、表面热处理(表面淬火和化学热处理等)等。

根据热处理在零件生产工艺流程中的位置和作用,热处理又可分为预备热处理和最终热处理。模具钢的常规热处理主要包括退火、正火、淬火和回火。由于真空热处理技术具有防止加热氧化、不脱碳、真空除气、变形小及硬度均匀等特点,近年来得到广泛的推广应用。

1.退火工艺

退火一般是指将模具钢加热到临界温度以上,保温一定时间,然后使其缓冷至室温,获得接近平衡状态组织的热处理工艺。其组织为铁素体基体上分布着碳化物。目的是消除钢中的应力,降低模具材料的硬度,使材料成分均匀,改善组织,为后续工序(机加工、冷加工成形、最终热处理等)做准备。

退火工艺根据加热温度不同可分为:

(1)完全退火。将模具钢加热到临界温度 A_{c3} 以上 $20\sim30℃$,保温足够的时间,使其组织完全奥氏体化,然后缓慢冷却,以获得接近平衡状态组织的热处理工艺。其目的是为了降低硬度、均匀组织、消除内应力和热加工缺陷、改善切削加工性能和冷塑性变形性能,为后续热处理或冷加工做准备。

(2)不完全退火。将钢加热到 $A_{c1}\sim A_{c3}$(亚共析钢)或 $A_{c1}\sim A_{ccm}$(过共析钢)之间,保温一定时间后缓慢冷却,以获得接近平衡组织的热处理工艺。不完全退火用于过共析钢和合金钢制作的模具。

(3)等温退火。将钢加热到临界温度以上,保温足够的时间,使其组织完全奥氏体化,然后在低于 A_{c1} 温度以下的适当温度进行保温,使奥氏体在此温度下进行等温转变,完成组织转变,然后从炉中取出空冷。等温退火的特点是可以缩短退火时间,最适合用于合金工具钢、高合金工具钢模具,有利于获得更为均匀的组织和性能。

1-次球化退火　2-等温球化退火　3-多次球化退火

图1-24　常用球化退火工艺

(4)球化退火。是使钢中的碳化物球化,获得球状珠光体的一种热处理工艺,它实际上是不完全退火的一种。球化退火主要应用于共析钢、过共析钢和合金工具钢。其目的是为了降低硬度、改善切削加工性能,以及获得均匀的组织,改善热处理工艺性能,为以后的淬火作组织准备。图 1-24 为三种常用的球化退火工艺。

2.正火工艺

正火工艺是将钢加热到 A_{c3}(对于亚共析钢)或 A_{ccm}(对于过共析钢)以上适当的温度,保温一定时间,使之完全奥氏体化,然后在空气中冷却,得到珠光体类型组织的热处理工艺。

正火与完全退火相比,两者的加热温度基本相同,但正火的冷却速度较快,转变温度较低。冷却方式通常是将工件从炉中取出,放在空气中自然冷却,对于大件也可采用鼓风或喷雾等方法冷却。因此,对于亚共析钢来说,相同钢正火后组织中析出的铁素体数量较少,珠光体数量较多,且珠光体的片间距较小,对于过共析钢来说,正火可以抑制先共析网状渗碳体的析出。钢的强度、硬度和韧性也比较高。正火工艺规范如图 1-25 所示。

图 1-25　正火工艺

3.淬火与回火

淬火和回火是模具钢或模具零件强化的主要手段。

将钢加热到临界点 A_{c1} 或 A_{c3} 以上一定温度,保温一定时间,然后以大于临界淬火速度的速度进行冷却,使过冷奥氏体转变为马氏体或贝氏体组织的热处理工艺称为淬火。回火是淬火工艺的后续工序,是将淬火后的钢加热到 A_{c1} 以下某一温度(根据回火后的组织和性能要求而定),充分保温后,以适当的速度进行冷却的热处理工艺。淬火工艺的关键是要控制加热速度、淬火温度、保温时间以及冷却速度。

(1)淬火温度的确定

淬火加热温度的选择应以得到均匀细小的奥氏体晶粒为原则,以便淬火后获得细小的马氏体组织。淬火加热温度主要根据钢的临界点来确定。表 1-7 为常用模具钢的相变点及淬火加热温度。另外,淬火温度还应考虑模具的形状尺寸、原始组织等因素。

(2)淬火时间的确定

淬火加热时间通常将工件升温和保温所需的时间计算在一起,而统称为加热时间。影响加热时间的因素很多,如加热介质、钢的成分、炉温、工件的形状及尺寸、装炉方式及装炉量等。淬火加热时间参见有关热处理手册。

表 1-7　常用模具钢的相变点及淬火加热温度

牌号	A_{c1} 或 A_{c3}/℃	淬火温度/℃	牌号	A_{c1} 或 A_{c3}/℃	淬火温度/℃
45	780	820～850	9SiCr	770	860～880
T8A～T12A	730	770～800	Cr12MoV	810	1000～1050
40cr	780	830～860	3Cr2W8V	810	1050～1100
60Si2Mn	820	840～870	$W_6Mo5Cr4V2$	810	1190～1230
GCr5	745	820～860	Wl8Cr4v	820	1260～1290

（3）淬火介质

为了使钢获得马氏体组织，淬火时冷却速度必须大于临界冷却速度。但是，冷却速度过大又会使工件内应力增加，产生变形或开裂。

工件淬火冷却时要使其得到合理的淬火冷却速度，必须选择适当的淬火介质。淬火介质种类很多，常用的淬火介质有水、NaCl（5％～10％）水溶液、NaOH（10％－50％）水溶液以及各种矿物油等。模具淬火可以在水、油或空气中进行。

4. 回火

回火是紧接淬火的一道热处理工艺，大多数淬火模具钢都要进行回火。目的是稳定组织，减小或消除淬火应力，提高钢的塑性和韧性，获得强度、硬度和塑性、韧性的适当配合，以满足不同模具的性能要求。

决定模具回火后组织和性能最重要的因素是回火温度。回火可分为低温、中温和高温回火。

（1）低温回火。大部分钢是淬火高碳钢和淬火高合金钢。经低温回火后得到回火马氏体，具有很高的强度、硬度和耐磨性，同时显著降低了钢的淬火应力和脆性。冷冲压、冷镦、冷挤压模具，需要相当高的硬度和耐磨性，常采用低温回火。

（2）中温回火。中温回火后模具的内应力基本消除，具有高的弹性极限、较高的强度和硬度、良好的塑性和韧性。中温回火主要用于热锻模具。

（3）高温回火。压铸模和橡胶模要求较高的强度和韧性，常采用高温回火，回火时间一般不少于 1h。

5. 真空热处理

在热处理时，被处理模具零件表面发生氧化、脱碳和增碳等效应，都会给模具使用寿命带来严重的影响。为了防止氧化、脱碳和增碳。利用真空作为理想的加热介质，制成真空热处理炉。零件在真空炉中加热后，将中性气体通入炉内的冷却室，在炉内利用气体进行淬火的为气冷真空处理炉，利用油进行淬火的为油冷真空处理炉。

近年来，真空热处理技术在我国发展较为迅速。它特别适合用于模具的热处理工艺。模具钢经过真空热处理后具有良好的表面状态，其表面不氧化、不脱碳，淬火变形小。而与大气下的淬火工艺相比，真空淬火后，模具表面硬度比较均匀，整体硬度甚至略高。真空加热时，模具钢表面呈活性状态，不脱碳，不产生阻碍冷却的氧化膜。真空淬火后，钢的断裂韧度有所提高，模具寿命比常规工艺提高 40％～400％，甚至更高。模具真空淬火技术在我国已得到较广泛的应用。

(1)真空热处理的特点

①因为在真空中加热和冷却,氧的分压很低,零件表面氧化作用得到抑制,从而可得到光亮的处理表面。

②在大气中熔炼的金属和合金,由于吸气而使韧性下降,强度降低,在真空热处理时,可使吸收的气体释放,从而增加了强度和韧性,提高了模具的使用寿命。

③真空热处理淬火变形小。如 W6Mo5Cr4V2 钢凸模真空热处理后,在氮气中冷却,变形实测结果表明,只要留 0.08mm 磨削余量即可。冷作模具钢制成的凹模,变形量为盐浴淬火变形量的 1/3~1/5。

④由于在密封条件下处理,有无公害和保护环境等优点。

⑤真空中的传热只是发热体的辐射,并非以对流、传导来传热,因此零件背面部分的加热有时会不均匀。

(2)真空热处理设备

真空热处理技术的关键是采用合适的设备(真空退火炉、真空淬火炉、真空回火炉)。真空加热最早采用真空辐射加热,后来逐步发展为真空辐射加热、负压载气加热、低温阶段正压对流加热等。

①真空退火炉　真空退火炉的真空度为 10^{-2}~10^{-3}Pa,温度的升降应能自动控制。热处理工艺与非真空炉退火工艺基本相同。

②真空淬火炉　真空淬火分为油淬和气淬。油淬时,零件表面出现白亮层,其组织为大量的残余奥氏体,不能用 560℃ 左右的一般回火加以消除,需要更高的温度(700~800℃)才能消除。气淬的零件表面质量好,变形小,不需清洗,炉子结构也较简单。对于高合金或高速钢模具零件,应选用高压气淬炉。

③真空回火炉　对于热处理后不再进行机械加工的模具工作面,淬火后尽可能采用真空回火,特别是真空淬火的工件(模具),它可以提高与表面质量相关的力学性能,如疲劳性能、表面光亮度、耐腐蚀性等。

(3)真空热处理工艺

真空热处理工艺也是真空热处理技术的关键。

①清洗。通常采用真空脱脂的方法。

②真空度。真空度是主要的工艺参数。在高温高真空下,模具钢中的合金元素容易蒸发,影响模具表面质量和性能。

③加热温度。真空热处理的加热温度为 1000~1100℃ 时,需要在大约 800℃ 进行预热。加热温度为 1200℃ 时,简单、小型模具可在 850℃ 进行一次预热,大型、复杂模具可采用两次预热。第一次在 500~600℃;第二次在 850℃ 左右。

④保温时间。真空中的加热速度比盐浴处理的加热速度慢,主要是由于传热方式以辐射为主。一般加热时间是盐浴炉加热时间的 6 倍左右,是空气炉加热时间的 2 倍左右。另外,恒温时间也应长于盐浴炉加热。

⑤冷却。真空冷却分油淬和气淬。油淬应使用特制的真空淬火油,气淬又分为负压气淬和高压气淬等。负压气淬由于负压气体冷却能力低,只能对小件实施淬火;高压气淬则可对大件实施淬火,现在国际上(5×10^5Pa~6×10^5Pa 的单室真空高压气冷技术已得到普遍应用。加热的保护性气体和冷却所用气体主要是氩气、氮气、氦气或氢气。其冷却能力从大

到小的顺序依次是氢气、氦气、氮气和氩气,其冷却能力之比为2.2∶1.7∶1∶0.7。

一些常用模具钢的真空热处理工艺如表1-8所示。

表 1-8 一些常用模具钢的真空热处理工艺

牌号	预热		淬火			回火温度 /℃	硬度 /HRC
	温度/℃	真空度 /Pa	温度 /℃	真空度 /Pa	冷却介质		
9SiCr	500～600	0.1	850～870	0.1	油(40℃以上)	170～185	61～63
CrWMn	500－600	0.1	820～840	0.1	油(40℃以上)	170～185	62～63
3CrW8V	一次 480～520 二次 800～850	0.1	1050～1100	0.1	油或高纯氮气	560～580 600～640	42～47 39～44
Cr12MoV	一次 500～550 二次 800～850	0.1	980～1050 1080～1120	0.1	油或高纯氮气	180～240 500～540	58～60 60～64
W6Mo5Cr4V2	一次 500～600 二次 800～850	0.1	1100～1150 1150～1250	0.1	油或高纯氮气	200～300 540～600	58～62 62～66
W18Cr4V	一次 500～600 二次 800～850	0.1	1000～1100 1240～1300	0.1	油或高纯氮气	180～220 540～600	58～62 62～66

二、常用冷作模具钢热处理

1.冷作模具的工作条件和对模具材料的性能要求

冷作加工是金属在室温下进行冲压、剪断或形变加工的制造工艺,如冷冲压、冷镦锻、冷挤压和冷轧加工等。由于各种冷作加工的工作条件不完全相同,因此对冷作模具材料的要求也不完全一致。

如在冲压过程中,被冲压的材料变形抗力很大,模具的工作部分,特别是刃口承受着强烈的摩擦和挤压,所以对冲裁、剪切、拉深、压印等模具材料的要求主要是高的硬度和耐磨性。同时模具在工作过程中还将受到冲击力的作用,要求模具材料也应具有足够的强度和适当的韧性。此外为便于模具制造,模具材料还要求有良好的冷热加工性能,包括退火状态下的可加工性、精加工时的可磨削性以及锻造、热处理性能等。

冷挤压时,模具整个工作表面除承受巨大的变形抗力和摩擦,还要经受300℃左右的温度,因此要求模具材料具有足够的强度和耐磨性外,还要求具有一定的红硬性和耐热疲劳性。

2.碳素工具钢的热处理

要求不太高的小型简单冷作模具可以采用碳素工具钢。应用较多的为T8A和T10A。T10A钢热处理后硬而耐磨,但淬火变形收缩明显;T8A钢韧性较好,但耐磨性稍差。除了碳元素以外,碳素工具钢不含有其他合金元素,因此其淬透性较差,常规淬火后硬化层仅有1.5～3mm。

碳素工具钢淬火后得到马氏体组织,使模具具有高硬度和耐磨性。如果淬火温度过高,会使奥氏体组织晶粒粗大,并导致马氏体组织粗大,增加了淬火变形开裂的可能性,力学性能降低。但是,若淬火温度太低,奥氏体组织不能溶入足够的碳,且碳浓度不能充分均匀化,则同样会降低其力学性能。碳素工具热处理工艺规范见有关热处理手册。

3.低合金模具钢的热处理

冷作模具常用的低合金工具钢有：CrWMn、9Mn2V、9SiCr、GCr15 等。此类钢是在碳素工具钢的基础上，加入了适量的 Cr、W、Mo、V、Mn 等合金元素。合金元素总含量低于 5％为低合金工具钢。合金元素的加入提高了钢的淬透性以及过冷奥氏体的稳定性。因此，可以降低淬火冷却速度，减少热应力、组织应力以及淬火变形开裂的倾向。

(1)CrWMn。CrWMn 钢的硬度、强度、韧性、淬透性及热处理变形倾向均优于碳素工具钢。钢中 W 形成的碳化物硬度很高，耐磨性好。W 还能细化晶粒。主要用作轻载荷冲裁模、拉深模及弯曲、翻边模。但其形成网状碳化物的倾向大，不宜制作大截面模具。

CrWMn 钢一般需要进行球化退火处理，球化退火工艺规范如图 1-26 所示。

图 1-26　CrWMn 钢球化退火工艺规范

CrWMn 钢的淬火温度一般为 820～840℃，油冷，φ40～60mm 尺寸的工件油冷能够淬透。回火温度一般为 170～200℃，回火后硬度可以达到 60～62HRC 左右。淬火及低温回火后含有较多碳化物，具有较高的硬度和耐磨性。但在 250～350℃ 回火时，其韧性降低，应予避免。

(2)9Mn2V 钢。9Mn2V 钢是不含有 Cr、Ni 等较贵重元素的经济性低合金模具钢。由于含有少量的 V，细化了钢的晶粒，减小了钢的过热敏感性。该钢冷加工性能和热处理工艺良好，变形开裂倾向小。但其淬透性、淬硬性、回火抗力、强度等性能不如 CrWMn 钢。适合用于尺寸较小的冷冲模、冷压模、雕刻模、落料模等。

主要热处理工艺如下：

①等温退火工艺：750～780℃，保温 3～5h，等温温度 670～700℃，保温 4～6h。

②淬火工艺：淬火温度 780～820℃，油冷，硬度 61HRC 以上。

③回火工艺：回火温度 150～200℃，空冷，硬度 59～62HRC。回火温度在 200～300℃时；有回火脆性存在，应避免在此温度范围回火。

(3)9SiCr 钢。9SiCr 钢在我国有悠久的使用历史。钢中含有 Cr 和 Si，提高了钢在贝氏体转变区的稳定性，Si 还可细化碳化物，有利于提高耐磨性、回火稳定性和塑性变形能力，淬透性较好，适合进行分级淬火或等温淬火，有利于防止模具淬火变形开裂。该钢主要用作中小型轻负荷冷作模具，如冷冲模、冷挤压模及打印模等。

其主要热处理工艺如下：

①退火工艺:780～810℃,保温 2～4h,等温温度 700～720℃,保温 4～6h(图 1-27)。

②淬火工艺:淬火温度 860～880℃,油冷,硬度 62～65HRC。

③回火工艺:回火温度 180～200℃,空冷,硬度 60～62HRC。回火温度在 200～300℃有回火脆性存在,应避免在此温度范围回火。

图 1-27 9SiCr 钢球化退火工艺规范

4.高合金模具钢的热处理

高合金模具钢有含高铬和中铬工具钢、高速钢、基体钢等。此类钢含有较多的合金元素,具有淬透性好、耐磨性高及淬火变形小等特点,广泛用作承受负荷大、生产批量大、耐磨性要求高及形状复杂的模具。

(1)高碳高铬钢

此类钢的成分特点是高铬量、高碳量,是冷作模具钢中应用范围最广、数量最大的。代表性钢号有 Cr12、Cr12MoV、Cr12MolVl(D2)、Cr12W 等。

该类钢锻后通常采用球化退火处理,退火后硬度为 207～255HB。常用的淬火工艺为:

①较低温度淬火。将 Cr12 钢加热到 960～980℃,油冷,淬火后硬度为 62HRC 以上。对 Cr12MoV 钢,淬火温度为 1020～1050℃,油冷,淬火后硬度为 62HRC 以上。采用此种方法可使钢获得高硬度、高耐磨性和高精度尺寸,用于制作冷冲压模具。

②较高温度淬火及多次高温回火。对 Cr12 钢,加热到 1050～1100℃,油冷,淬火后硬度为 42～50HRC。对 Cr12MoV 钢,淬火温度为 1100～1150℃,油冷,淬火后硬度为 42～50HRC。较高温度淬火加上多次高温回火,可以使钢获得高红硬性和耐磨性,用于制作高温下工作的模具。

Cr12 型钢淬火后应及时回火,回火温度可以根据要求的硬度而定。对于要求高硬度的冷冲压模具,回火温度在 150～170℃之间,回火后硬度在 60HRC 以上。对要求较高强度、硬度和一定韧性的冷冲压模具,回火温度取 250～270℃,回火后硬度为 58～60HRC。对于要求高冲击韧性和一定硬度的冷冲压模具,回火温度可以提高到 450℃左右,回火后硬度为 55～58HRC,Cr12 型钢要避开 275～375℃的回火脆性区。

(2)高碳中铬钢

主要有 Cr6WV 钢、Cr4W2MoV 钢、Cr6MolV 钢。

(3)高速钢

铜或铝零件冷挤压时,模具受力不太剧烈,一般可以采用 Cr12 型模具钢。但黑色金属冷挤压时,受力剧烈,工作条件十分恶劣,对模具提出了更高的要求,因此需要采用更高级的模具钢,如高速钢来制造模具。

高速钢热处理后具有高的硬度和抗压强度、良好的耐磨性,能满足较为苛刻的冷挤压条件。常用的冷挤压高速钢有 W6Mo5Cr4V2 钢、W18Cr4V 钢、6W6Mo5Cr4V 钢。

W18Cr4V 钢具有良好的红硬性,在 600℃时仍具有较高的硬度和较好的韧性,但其碳化物较粗大,强度和韧性随尺寸增大而下降。W6Mo5Cr4V2 钢具有良好的红硬性和韧性,淬火后表面硬度可以达到 64~66HRC,是一种含 Mo 低 W 的高速钢,其碳化物颗粒较为细小,分布较均匀,强度和韧性较 W18Cr4V 钢较好。

大多数高速钢制作的冷挤压(包括冷镦)模具,可以采用略低于高速钢刀具淬火温度的温度进行淬火,如 W18Cr4V 钢采用 1240~1250℃,W6Mo5Cr4V2 钢采用 1180~1200℃,然后在 560℃进行三次回火。对于一些细长或薄壁的模具,要求有很高的韧性,则可以进一步降低淬火温度,以提高其使用寿命。但低温淬火后,高速钢抗压强度降低,不能用于高负荷模具,也会使耐磨性降低。表 1-9 常用冷挤压高速钢经过淬火和不同温度回火热处理后的硬度和冲击韧性。

表 1-9　常用冷挤压高速钢经过淬火和不同温度回火热处理后的硬度和冲击韧性

| 牌号 | 淬火温度/℃ | 硬度/HRC | | | | 无缺口冲击韧性/kgJ·cm⁻² | | | |
		500℃回火	530℃回火	550℃回火	580℃回火	500℃回火	530℃回火	550℃回火	580℃回火
6W6Mo5Cr4V	1200	60.9	62.3	62.3	60.6	5.7	5.3	6.3	5.7
W18Cr4V	1260	64.4	64.4	63.8	63			3.4	3.6
W6Mo5Cr4 V2	1220	63.5	64.8	65.3	62.8	2.0	2.7	3.2	3.5

三、热作模具钢热处理

1. 热作模具的工作条件和对模具材料的性能要求

热作模具主要用于热压力加工(包括锤模锻、热挤压、热镦锻、精密锻造、高速锻造等)和压力铸造,也包括塑料成型。

热锻模,承受着较大的冲击载荷和工作压力,模具的型腔除产生剧烈的摩擦外,还经常与被加热到 1050~1200℃高温的毛坯接触,型腔表面温度一般在 400℃以上,有时能达到 600~700℃,随后又经水、油或压缩空气对锻模进行冷却,这样冷热反复交替使模具极易产生热疲劳裂纹。因此要求热锻模材料要具有较高的高温强度和热稳定性(即红硬性)、适当的冲击韧性和尽可能高的导热性、良好的耐磨性和耐热疲劳性,在工艺性能方面具有高的淬透性和良好的切削加工性能。

近年来被推广的热挤压、热镦锻、精密锻造、高速锻造等先进工艺,由于模具的工作条件比一般热锻模更为恶劣,因此对模具材料提出了更高的要求。这些模具在工作时需长时间与被变形加工的金属相接触,或承受较大的打击能量,模具型腔的受热程度往往比锤锻模具高,承受的负荷也比锤锻模大,尤其是黑色金属挤压和高速锻造,模具型腔表面温度通常在 700℃以上,高速锻造时,型腔表面的加热速度为 2000~4000℃/s,温度可达 950℃左右,造成模具寿命显著下降。所以特别要求模具材料要有高热稳定性和高温强度、良好的耐热疲劳特性能以及高耐磨性。

2. 锤锻模具的热处理

常用作锤锻模的钢种有 5CrNiMo,5CrMnMo,5CrMnSiMoV 等。5CrNiMo 钢具有高的淬透性,良好的综合力学性能,主要用作形状复杂、冲击负荷大的较大型锻模。5CrMnMo钢中不含有 Ni,以 Mo 代替 Ni 不降低强度,但塑性和韧性降低,适于制造中型锻模。

5CrNiMo 钢的淬火温度通常采用 830~860℃。由于淬透性高,奥氏体稳定性大,冷却时可采用空冷、油冷、分级淬火或等温淬火。一般是淬火前先在空气中预冷至 750~780℃,然后油冷到 150~180℃左右出油,再行空冷。模具淬火后要立即回火,以防止变形与开裂。

一般热锻模回火后的硬度无需太高,以保证所需的韧性。生产上对不同尺寸的热锻模有不同硬度要求,因而回火温度也应不同,如小型模具硬度要求 44~47HRC,回火温度可选择在 190~510℃;中型模型的硬度要求 38~42HR,回火温度为 520~540℃;大型模具要求34~37HRC,回火温度为 560~580℃。模具淬火后内应力较大,回火加热时应缓慢升温或预热(350~400℃)均匀后,升至所需的回火温度,保温时间不少于 3h。

3. 热挤压及压铸等模具的热处理

热挤压及压铸等模具要求模具钢有较高的高温性能,如热强性、热疲劳、热熔损、回火抗力及热稳定性等。因此,此类钢含有较多的 Cr、W、Si、Mo、V 等元素,以保证拥有以上性能。我国标准中应用最多的代表性牌号有 3Cr2W8V、4Cr5MoSiV1、4Cr5MoSiV、4Cr3Mo3SiV、4Cr5W2VSi 等。

3Cr2W8V 钢虽然只含有 0.3%~0.4%C,但由于钨、铬含量高,组织上仍属于过共析钢。其工艺性能、热处理规范与 Cr12MoV 钢颇为类似。退火工艺为 830~850℃下保温 3~4h,常用的淬火处理温度为 1050~1150℃,除缓慢加热外,大件或复杂模具应在 800~850℃预热均温,回火时也有二次硬化现象,回火选择 550~620℃的高温回火。

3Cr2W8V 钢广泛用做黑色和有色金属热挤压模以及 Cu、Al 合金的压铸模。这种钢的热稳定性高,使用温度达 650℃,但钨系热作模具钢的导热性低,冷热疲劳性差。我国在 20世纪 80 年代初引进国外通用的铬系热作模具钢 H13(4Cr5MoSiV1),H13 钢的合金含量比3Cr2W8V 钢低,但淬透性、热强性、热疲劳性、韧性、塑性都比前者好,在使用温度不超过600℃时,代替 3Cr2W8V 钢,模具寿命有大幅度提高,因此 H13 钢迅速得到推广应用。

H13 钢的热处理工艺为:退火温度 800~840℃,保温 3~6h,以 30℃/h 冷至 500℃以下空冷,也可以采用球化退火工艺。淬火温度为 1040~1080℃,油冷至 500~550℃后出油空冷。回火温度为 580~620℃,保温 2~3,回火 2 次。经上述工艺处理后的 H13 钢模具硬度为 44~51HRC。

四、塑料模具钢热处理

塑料制品已在工业及日常生活中得到广泛应用。塑料模具已向精密化、大型化方向发展,对塑料模具钢的性能要求越来越高。塑模钢的性能应根据塑料种类、制品用途、成型方法和生产批量大小而定。一般要求塑料模具钢有良好的综合性能,对模具材料的强度和韧要求不如冷作和热作模具高,但对材料的加工工艺性能要求高,如热处理工艺简便、处理变形小或者不变形、预硬状态的切削加工性能好、镜面抛光性能和图案蚀刻性能优良等。

1. 塑料模具钢所要求的基本性能

(1)综合力学性能。成型模具在工作过程中要受到不同的温度、压力、侵蚀和磨损作用。因此要求模具材料组织均匀,无网状及带状碳化物出现,热处理过程应具有较小的氧化、脱碳及畸变倾向,热处理以后应具有一定的强度。为保证足够的抗磨损性能,许多塑料模具经调质后再进行渗氮或镀铬等表面强化处理。

(2)切削加工性能。对于大型、复杂和精密的注射模具,通常预硬化到28～35HRC之间,再进行切削和磨削加工至所要求的尺寸和精度后再投入使用,从而排除热处理变形、氧化和脱碳的缺陷。因此常用加入易切削元素 S、Co 和稀土,以改善预硬的切削加工性能。

(3)镜面加工性。能做光盘和塑料透镜等塑料制品的表面粗糙度要求很高,主要由模具型腔的粗糙度来保证。一般模具型腔的粗糙度要比塑料制品的高一级。模具钢的镜面加工性能与钢的纯洁度、组织、硬度和镜面加工技术有关。高的硬度、细小而均匀的显微组织、非金属夹杂少,均有利于镜面抛光性提高。镜面抛光性要求高的塑料模具钢常采用真空熔炼、真空除气。

(4)图案蚀刻性能。某些塑料制品表面要求呈现清晰而丰满的图案花纹,皮革工业中大型皮纹压花版,都要求模具钢有良好的图案光刻性能。图案光刻性能对材质的要求与镜面抛光性能相似,钢的纯洁度要高,组织要致密,硬度要高。

(5)耐蚀性能。含氯和氟的树脂以及在 ABS 树脂中添加抗燃剂时,在成型过程中将释放出有腐蚀性的气体。因此,这类塑料模具要选用耐蚀塑料模具钢,或镀铬,或采用镍磷非晶态涂层。

另外,还要求塑料模具钢有良好的预硬化性能、较高的冷压性能和补焊性能等。

塑料模具钢根据化学成分和使用性能,可以分为:渗碳型、预硬化型、耐蚀型、时效硬化型和冷挤压成形型等。

2.渗碳型塑料模具钢的热处理

受冲击大的塑料模具零件,要求表面硬而心部韧,通常采用渗碳工艺、碳氮共渗工艺等来达到此目的。

一般渗碳零件可采用结构钢类的合金渗碳钢,其热处理工艺与结构零件基本相同。对于表面质量要求很高的塑料模具成型零件,宜采用专门用钢。热处理的关键是选择先进的渗碳设备,严格控制工艺过程,以保证渗碳层的组织和性能要求。

渗碳或碳氮共渗工艺规范可参考热处理行业工艺标准:JB/T3999－1999《钢的渗碳与碳氮共渗淬火回火处理》。

常用渗碳型橡塑模具钢有 20、20Cr、12CrNi2、12CrNi3、12Cr2Ni4、20Cr2Ni4 钢等。

(1)12CrNi3 钢。12CrNi3 钢是传统的中淬透性合金渗碳钢,冷成形性能属中等。该钢碳含量较低,加入合金元素镍、铬,以提高钢的淬透性和渗碳层的强韧性,尤其是加入镍后,在产生固溶强化的同时,可明显提高钢的塑性。该钢的锻造性能良好,锻造加热温度为1200℃,始锻温度1150℃,终锻温度大于850℃,锻后缓冷。

12CrNi3 钢主要用于冷挤压成形复杂的浅型腔塑料模具,或用于切削加工成形的大、中型塑料模具。采用切削加工制造塑料模具,为了改善切削加工性能,模坯需经正火处理。采用冷挤压成形型腔,锻后必须进行软化退火工艺。

12CrNi3 钢采用气体渗碳工艺时,加热温度为 900～920℃,保温 6～7h,可获得 0.9～1.0mm 的渗碳层,渗碳后预冷至 800～850℃直接油冷或空冷淬火,淬火后表层硬度可达56～62HRC,心部硬度为 250～380HBS。

(2)20Cr2Ni4 钢。20Cr2Ni4 钢为高强度合金渗碳钢,有良好的综合力学性能,其淬透性、强韧性均超过 l2CrNi3 钢。该钢锻造性能良好,锻造加热温度为 1200℃,始锻温度为 1150℃,终锻温度大于 850℃,锻后缓冷。

3. 预硬化型塑料模具钢的热处理

预硬型塑料模具钢是指将热加工的模块,预先调质处理到一定硬度(一般分为 10HRC、20HRC、30HRC、40HRC 四个等级)供货的钢材,待模具成形后,不需再进行最终热处理就可直接使用,从而避免由于热处理而引起的模具变形和开裂,这种钢称预硬化钢。预硬化钢最适宜制作形状复杂的大、中型精密塑料模具。常用的预硬型橡塑模具钢有 3Cr2Mo(P20)、3Cr2NiMo(P4410)、8Cr2MnWMoVS、4Cr5MoSiVl、P20SRe、5NiSCa 等。

(1)3Cr2Mo 钢。3Cr2Mo(现为 SM3Cr2Mo)钢是最早列入标准的预硬化塑料模具钢,相当于美国 P20 钢,同类型的还有瑞典(ASSAB)的 718、德国的 40CrMnMo7、日本的 HPM2 钢等。3Cr2 Mo 钢是 GB/T 1299-1985 中唯一的塑料模具钢,主要用于聚甲醛、ABS 塑料、醋酸丁酸纤维素、聚碳酸酯(PC)、聚酯(PEF)、聚乙烯(DPE)、聚丙烯(PP)、聚氯乙烯(PVC)等热塑性塑料的注射模具。

我国某厂推荐的 3Cr2Mo 钢的强韧化热处理工艺:淬火温度 840~880℃,油冷;温度 600~650℃,空冷,硬度 28~33HRC。

美国标准(AISI,SAE)推荐的 P20 钢渗碳后的热处理工艺:淬火温度 820~870℃,回火温度 150~260℃,空冷,硬度 58~64HRC(渗碳层表面硬度)。

(2)8Cr2MnWMoVS(8Cr2S)钢。为了改善预硬化钢的切削加工性,在保证原有性能的前提下添加一种或几种易切削合金元素,成为一种易切削型的预硬化钢。

8Cr2S 钢是我国研制的硫系易切削预硬化高碳钢,该钢不仅用来制作精密零件的冷冲压模具,而且经预硬化后还可以用来制作塑料成型模具。此钢具有高的强韧性、良好的切削加工性能和镜面抛光性能,具有良好的表面处理性能,可进行渗氮、渗硼、镀铬、镀镍等表面处理。

8Cr2S 钢热处理到硬度为 40~42HRC 时,其切削加工性相当于退火态的 Tl0A 钢(200HBS)的加工性。综合力学性能好,可研磨抛光到 Ra0.025μm,该钢有良好的光刻侵蚀性能。

8Cr2S 钢的淬火加热温度为 860~920℃,油冷淬火、空冷淬火或在 240~280℃硝盐中等温淬火都可以。直径 100mm 的钢材空冷淬火可以淬透,淬火硬度为 62~64HRC。回火温度可在 550~620℃温度范围内选择,回火硬度为 40~48HRC。因加有 S,预硬硬度为 40~48HRC 的 8Cr2S 钢坯,其机械加工性能与调质到 30HRC 的碳素钢相近。

4. 时效硬化型塑料模具钢的热处理

对于复杂、精密、高寿命的塑料模具,模具材料在使用状态必须有高的综合力学性能,为此,必须采用最终热处理。但是,采用一般的最终热处理工艺,往往导致模具的热处理变形,模具的精度就很难达到要求。而时效硬化型橡塑模具钢在固溶处理后变软(一般为 28~34HRC),可进行切削加工,待冷加工成形后进行时效处理,可获得很高的综合力学性能。时效热处理变形很小,而且该类钢一般具有焊接性能好,可以进行渗氮等优点。适合于制造复杂、精密、高寿命的塑料模具。

时效硬化型塑料模具钢有马氏体时效硬化钢和析出(沉淀)硬化钢两大类。

(1)马氏体时效硬化钢马氏体时效硬化钢有屈强度比高、切削加工性和焊接性能良好、热处理工艺简单等优点。典型的钢种是 18Ni 系列,屈服强度可高达 1400~3500MPa。这一类钢制造模具虽然价格昂贵,但由于使用寿命长,综合经济效益仍然很高。

(2)析出(沉淀)硬化钢析出硬化型钢也是通过固溶处理和沉淀析出第二相而强化,硬度在 37~43HRC 左右,能满足某些塑料模具成型零件的要求。市场以 40HRC 级预硬化供应,仍然有满意的切削加工性。这一类钢的冶金质量高,一般都采用特殊冶炼,所以纯度、镜面研磨性、蚀花加工性良好,使模具有良好的精度和精度保持性。其焊接性好,表和心部的硬度均匀。

析出硬化型塑料模具钢的代表性钢号有 25CrNi3MoAl,属低碳中合金钢,相当于美国 P21 钢。析出硬化型钢制的模具零件还可通过渗氮处理进一步提高耐磨性、抗咬合能力和模具使用寿命。

5.耐腐蚀型塑料模具钢的热处理

生产对金属有腐蚀作用的塑料制品时,工作零件采用耐蚀钢制造。常用钢种有 Crl3 型和 9Crl8 钢等可强化的马氏体型不锈钢。表 1-10 为耐腐蚀塑料模具钢的热处理规范。

表 1-10　耐腐蚀塑料模具钢的热处理规范

序号	钢号	热处理	硬度	备注
1	Crl3 系列	980~1050℃油冷,650~700℃回火,油冷。可进行渗氮提高表面硬度和耐磨性,但耐蚀性会下降	229~341HBS	
2	9crl8	850℃预热,1050~1100℃奥氏体化油冷,—80℃冷处理,160~260℃回火 3H,130~140℃去应力退火 15~20h	58~62HR	
3	S-STAR	第一次预热 500℃,第二次预热 80℃,奥氏体化温度 1020~1070℃,空冷、油冷或气冷均可,回火:①要求耐蚀性,200~400℃回火,按 60~90min/25mm;②要求高硬度,490~510℃回火,按 50~90min/25mm 精度保持要求高的模具零件需进行冷处理	以预硬化钢交货,31~34HRC;淬火回火态交货,≤229HBS	

需要指出的是,用现有不锈钢标准的钢号制作高镜面要求的塑料模具钢成型零件,其表面质量的要求是难以满足的。因此开发了耐腐蚀镜面塑料模具钢。例如已进入中国市场的法国 CLC2 316 H 钢(同类型的德国 X36CrMol7),是预硬化型的抗腐蚀镜面塑料模具钢。

耐腐蚀塑料模具钢零件的热处理与一般不锈钢制品的热处理基本相同,其热处理工艺可以参考我国行业标准:热处理工艺标准在 ZB/T36017—1990《不锈钢和耐热钢热处理》。

4.2　模具的表面化学处理

化学热处理能有效地提高模具表面的耐磨性、耐蚀性、抗咬合、抗氧化性等性能。几乎所有的化学热处理工艺均可用于模具钢的表面处理。化学热处理就是利用化学反应和物理冶金相结合的方法改变金属材料表面的化学成分和组织结构,从而使材料表面获得某种性能的工艺过程。

化学热处理普遍地由三个基本过程组成：

(1)活性原子的产生。通过化学反应产生活性原子或借助一些物理方法使欲渗入的原子的能量增加,活性增加。

(2)材料表面吸收活性原子。活性原子首先被材料表面吸附,进而被表面吸收,此过程为一个物理过程。

(3)活性原子的扩散。材料表面吸收了大量活性原子,使得表面层该原子的浓度大为提高,为渗入原子的扩散创造了条件,活性原子不断地渗入表面层,经扩散就形成了一定深度的扩散层。

以上三个过程进行的程度都与温度和时间两个要素有关,因此温度和时间是化学热处理过程中两个重要的工艺参数。

一、渗碳

1.概述

渗碳是一种历史悠久、应用相当广泛的化学热处理方法。迄今为止,渗碳或碳氮共渗仍然属于应用广泛的表面强化方法,由于经济、可靠,今后仍将在热处理生产中占有主导地位。近年来,又发展了高频、离子及真空渗碳等方法,后者克服了以往渗碳法的不足,使表面活性化,可以大大缩短渗碳时间。

渗碳技术主要用于低碳钢制造模具零部件的表面强化。中高碳的低合金模具钢和高合金钢也可以进行渗碳或碳氮共渗。高碳低合金钢渗碳或碳氮共渗时,应尽可能选取较低的加热温度和较短的保温时间,可以保证表层有较多的未溶碳化物核心,渗碳和碳氮共渗后,表层碳化物呈颗粒状,碳化物总体积也有明显增加,可以增加钢的耐磨性。

中高碳高合金钢还可进行高温渗碳,因为在高温奥氏体化时,在这类钢中仍能残留较多难溶的弥散的碳化物。对这类含大量强碳化物形成元素进行渗碳,使渗层沉淀出大量弥散合金碳化物的工艺称为 CD 渗碳法。3Cr2W8V 钢制造压铸模具时,先渗碳,再经 1140～1150℃淬火,550℃回火两次,表面硬度可达 58～61HRC,用于有色金属及其合金的压铸模具,使用寿命可提高 1.8～3 倍。65Cr4W3Mo2VNb 等基体钢有高的强韧性,但其表面的耐磨性常常不足。对这类钢制作的模具进行渗碳或碳氮共渗,可显著提高其使用寿命。

渗碳是为解决钢件表面要求高硬度、高耐磨性而心部又要求较高的韧性这一矛盾而发展起来的工艺方法。渗碳就是将低碳钢工件放在增碳的活性介质中,加热、保温(使碳原子渗入钢件表面,并向内部扩散形成一定碳浓度梯度的渗层。渗碳并不是最终目的,为了获得高硬度、高耐磨的表面及强韧的心部,渗碳后必须进行淬火加低温回火的处理。

渗碳的优点是：

(1)获得比高频淬火硬度高、更耐磨的表层以及韧性更好的心部,不受零件形状的限制。

(2)与渗氮工艺相比有渗层厚、可承受重负荷、工艺时间短的优越性。

但渗碳工艺过程繁琐,渗碳后还要进行淬火加回火的处理;工件变形大;与高频淬火相比生产成本高;渗碳层的硬度和耐磨性不如渗氮层高。

渗碳工艺按渗碳介质可以分为气体渗碳、液体渗碳和固体渗碳。

2.固体渗碳

固体渗碳是在固体渗碳介质中进行的渗碳过程。渗碳剂由两部分组成:固体炭和催渗剂。固体炭可以是木炭也可以是焦炭。碱金属或碱金属的碳酸盐可用作催渗剂,其醋酸盐有更好的催渗作用和活性。

固体渗碳的反应是这样进行的,高温下渗碳剂发生分解:

$$Na_2CO_3 \rightarrow Na_2O + CO_2$$

$$BaCO_3 \rightarrow BaO + CO_2$$

高温下分解出的 CO_2 与炽热的炭发生还原反应:

$$CO_2 + C \rightarrow 2CO$$

CO 气体吸附在工件表面,在 Fe 的催化作用下发生渗碳反应:

$$2CO \rightarrow C(Fe) + CO_2$$

固体渗碳是在充满渗碳剂的密封钢制箱中进行的,一般采用箱式电炉加热渗碳箱。固体渗碳的优点是无需专用渗碳设备,渗碳工艺简单,特别适用于没有专用渗碳设备、批量小、变化多样零件的条件,其缺点是渗碳过程质量控制困难,渗碳加热效率低,能源浪费大。

典型的固体渗碳工艺规范见图 1-28。

图 1-28 典型的固体渗碳工艺规范

工艺规范中,在 800～850℃透烧的目的是减小靠箱壁的工件与箱子心部工件渗碳层的差别,透烧时间的多少取决于渗碳箱的大小。

渗碳保温时间取决于渗层的深度要求,在 (930 ± 10)℃温度范围内,一般渗碳速度为 0.1～0.15mm/h。根据渗层深度就可大致估算出保温时间。

分级渗碳工艺规范中,当渗碳深度接近要求深度的下限值时,将炉温降低到 840～860℃保温一定时间进行扩散,使表面碳浓度降低,渗层加厚,这样可防止网状渗碳体的出现。对于本质细晶粒钢,可免去正火清除网状渗碳体的过程,渗碳后直接淬火。

固体渗碳的操作主要体现在使用试样来确定获得所要求的渗层深度的出炉时间。在渗碳箱中放置两种试样,一种是插入箱内的 $\phi10mm$ 的钢棒,要求它与工件材料相同,在渗碳过程中可随时抽取检验;另一种试样是埋入箱中的,随件出炉,供渗碳处理后检查金相组织和硬度。为了能正确反映工件渗碳效果,试样应靠近工件放置。

3.气体渗碳

虽然固体渗碳有很多优点,如可以用各种形式的加热炉、不需要控制气氛、对小批量和大工件比较经济、不需要特殊缓冷设备等；但它也有很多不利之处，如工作环境条件差，在要求较浅的渗碳层时不易控制渗碳层深度、碳含量及碳浓度的梯度，需要直接淬火时操作比较困难等。为了消除这些缺点，改善工作条件，提高效率，常需要采用气体渗碳法。

将气体渗碳剂通入或滴入高温的渗碳炉中，进行裂化分解，产生活性原子，然后渗入模具表面进行的渗碳就是气体渗碳。

常见的气体渗碳剂有两类：一类是碳氢化合物的有机液体，采用滴入法，将液体渗碳剂（如煤油、苯、甲苯、丙酮等）滴入高温的渗碳炉；另一类是气体，可直接通入渗碳炉中，有天然气、丙烷及吸热式可控气氛。后者成分常随地区、时间而有所不同，较难控制，使产品质量多不稳定；前者成分稳定，便于控制，但价格较贵。

气体渗碳的主要设备是渗碳炉，气体渗碳炉可以分为批装式和连续式两大类。批装式炉是把工件成批装入炉内，渗碳完毕后再成批出炉。连续式炉是把工件依次连续地从炉的一端送入炉中渗碳，而在渗碳完毕后从炉的另一端输出。气体渗碳工艺需要根据工件的钢种、形状、数量、渗碳层深度、渗碳层内碳的浓度及梯度等要求和现有设备条件来选择。影响渗碳层深度、浓度及梯度的主要因素除钢种外，主要是渗碳气体的碳势、渗碳温度和渗碳时间。决定渗碳速度的基本因素是碳在奥氏体中的扩散速度，这种扩散速度随温度的升高而迅速增加。因此，为了加速渗碳的进行，在不导致晶粒粗化的前提下，应采用尽可能高的渗碳温度，一般为 900～950℃。但较高的温度容易产生网状碳化物、晶粒粗大，从而降低性能。

图 1-29 所示为煤油－甲醇滴控气体渗碳工艺规程。

图 1-29 煤油－甲醇滴控气体渗碳工艺规程

4.液体渗碳

液体渗碳是在能提供活性炭原子的熔融盐浴中进行的。它的优点是：设备简单，渗碳速度快，碳量容易控制等。它适合于无专门的渗碳专用设备、中小零件的小批量生产。

渗碳用盐浴通常由渗碳剂和中性盐组成。前者主要起渗炭作用，提供活性碳原子，后者主要起调节盐的相对密度、熔点和流动性的作用。最初的液体渗碳都是采用氰盐作为渗碳剂，由于氰盐毒性大，容易造成环境污染和有害人体健康，我国已经很少采用，代之以无毒盐配方。如"603"渗碳剂：NaCl 5%，KCl 10%，Na_2CO_3 15%，$(NH_2)_2CO$ 20%，木炭粉（100目）5%。另一种渗碳剂：木炭粉（60～100 目）70%，NaCl 30%。

在盐浴配方确定的前提下，渗碳工艺就是确定渗碳温度和时间，渗碳温度取决于工件的渗层厚度要求、零件是否易变形以及精度要求等。如果渗层要求不深、工件易变形或对变形要求严格,可选择较低的渗碳温度 850~900℃;如果工件要求渗层厚、又不易变形;则要选择较高的渗碳温度 910~950℃。

盐浴渗碳与盐浴加热热处理工艺相似,但在配制渗碳盐浴时应先将中性盐熔化,待要达到渗碳温度时,再将渗碳剂加入盐浴。渗碳剂加入盐浴可能产生沸腾,此时停止加热,待平静后再加热添加盐。随着溶碳过程的进行,渗碳剂在消耗,盐浴的渗碳能力下降,此时应掏出一部分旧盐,按比例加一定量新盐。液体检碳一般随工件放入三个试样,一个决定出炉时间,另外两个随工件出炉,以供测定渗层深度和金相组织用。为了减少盐浴的挥发和辐射热损失,以及减少空气中氧的侵入,盐浴上面可覆盖石墨、炭粉、固体渗碳剂粉末。液体渗碳工件的热处理可采取以下方式:将工件移到等温槽中预冷,直接淬火;工件在等温槽中预冷后空冷(目的是减少工件表面脱碳),然后重新加热淬火。

二、渗氮

渗氮也称氮化,是在一定温度下(一般在 A_{c1} 以下)将活性氮原子渗入模具表面的化学热处理工艺。渗氮后模具的变形小,具有比渗碳更高的硬度,可以增加其耐磨性、疲劳强度、抗咬合性、抗蚀性及抗高温软化性等。渗氮工艺有气体渗氮、离子渗氮。

渗氮工艺有以下特点:

(1)氮化物层形成温度低,一般为 480~580℃,由于扩散速度慢,所以工艺时间长。

(2)氮化处理温度低,变形很小。

(3)渗氮工件不需再进行热处理,便具有较高的表面硬度(≥850HV)。

1.气体渗氮

气体渗氮在生产中应用已有 50 多年的历史,工艺比较成熟。通常采用的介质为氨气,在渗氮温度下 400~500℃,当氨与铁接触时就分解出氮原子固溶于铁中。也可以产生氮分子及氢分子,化学表达式如下:

$$2NH_3 \rightarrow 3H_2 + 2[N]$$
$$2NH_3 \rightarrow 3H_2 + N_2$$

气体渗氮可根据产品情况(零件的形状、大小)选用 RJJ 系列井式电炉、RJX 系列箱式电炉及钟罩式电炉。

(1)气体渗氮工艺参数渗氮温度、渗氮时间和氨分解率是气体渗氮三个重要的工艺参数。它们对渗氮速度、渗层深度、渗层硬度、硬度梯度以及脆性都有极大影响。

渗氮温度的提高会促进氮原子的扩散,所以渗层深度会随温度的增加而加深,渗层硬度会下降,这是因为产生高硬度的细小氮化物会随温度的升高而长大的缘故。在 480~530℃渗氮时,渗层可获得很高的硬度。

随时间的延长,渗层深度加深,但由于氮化物的集聚长大会使渗层硬度下降,尤其温度高则更为明显。

氨分解率会影响钢件表面的吸氮能力,对渗层深度和硬度也有影响。当氨分解率低时(10%~40%),分解出的活性氮原子多被钢件表面吸收。当分解率超过 70% 时,由于气氛中大量的氢和氮的分子滞留在工件表面,阻碍了氮原子的吸收,因而使吸氮量下降。

(2)典型渗氮工艺

①一段渗氮法 也称为单程渗氮法、等温渗氮法。渗氮温度为 480~530℃。

②二段渗氮法　二段渗氮法是将模具先在较低温度下(一般为 490～530℃)渗氮一段时间,然后提高渗氮温度到 535～550℃再渗氮一段时间。在渗氮的第一阶段,模具表面获得较高的氮浓度,并形成含有弥散、高硬度氮化物的渗氮层。在第二阶段,氮原子在钢中的扩散将加速进行,以迅速获得一定厚度的渗氮层。

二段渗氮法是目前生产中常采用的一种渗氮工艺,与一段渗氮法相比,其渗氮速度较快,渗层脆性较小,但硬度较低。

③三段渗氮法　三段渗氮法是在二段渗氮法的基础上改进的,先将模具在 490～520℃下渗氮,获得高渗氮浓度的表面,然后提高渗氮温度到 550～600℃,加速渗氮速度,再将温度降低到 520～540℃渗氮,提高渗氮层厚度。这种渗氮方法不仅缩短渗氮时间,而且可以保证渗氮层的高硬度。

一些模具钢的渗氮工艺规范见表 1-11。

表 1-11　一些模具的渗氮工艺规范

牌号	渗氮工艺				氮层深度 /mm	表面硬度 /HV
	阶段	温度/℃	时间/h	氨分解率/%		
38CrMoAlA	I	510	12	20～40	0.5～0.7	950～1000
	II	540	42	50～60		
Cr12MoV	I	480	18	14～27	≤0.2	720～860
	II	530	25	36～60		
40Cr	I	490	24	15～35	0.2～0.3	≥600
4Cr5MoSivVl	I	540	12	30～60	0.15～0.2	760～800
3Cr2W8	I	480	18	14～27	0.2～0.4	500～550
	II	530	22	30～60		

2. 离子渗氮

离子渗氮是辉光离子渗氮的简称,方法是将待处理的模具零件放在真空容器中,充以一定压力(如 70Pa)的含氮气体(如氨或氮、氢混合气)然后以被处理模具作阴极,以真空容器的罩壁作阳极,在阴、阳极之间加上 400～600V 的直流电压,阴阳极间便产生辉光放电,容器里的气体被电离,在空间产生大量的电子与离子。在电场的作用下,正离子冲向阴极,以很高速度轰击模具表面,将模具加热。高能正离子冲入模具表面,获得电子,变成氮原子被模具表面吸收,并向内扩散形成氮化层,离子氮化可提高模具耐磨性和疲劳强度。

离子渗氮是利用了辉光放电这一物理现象并以此作为热源加热工件,由此特点使它具有以下优点:

(1)加速了渗氮过程,仅相当于气体渗氮周期的 1/2～1/3。

(2)离子渗氮的温度可比气体渗氮低,可在 350～500℃下进行,工件变形小。

(3)由于渗氮时气体稀薄,过程可控,使得渗层脆性小。

(4)离子渗氮中有离子轰击而产生的阴极溅射现象,可以清除表面的钝化膜,不锈钢和耐热钢表面不经处理可直接渗氮。

(5)局部防渗简单易行,只要采取机械屏蔽即可。

（6）经济性好，热利用率高，省电，省氨。

离子渗氮存在的问题是：

（1）工件温度的均匀性与测温的准确性尚待提高。

（2）深层渗氮（＞0.5mm）的生产周期与气体渗氮接近。

工作表面渗氮后能显著提高模具的力学性能。氮虽然是一种作为保护性气体的惰性气体，但氮离子化后具有很大的活性，能够参与表面处理，形成高硬度和抗腐蚀的氮化物，如 TiN，Ti2N，Cr2N，VN 等。但在离子氮化前必须进行去除加工应力的退火或回火处理，且不同的材料氮化效果也不同，对于必须氮化、不能氮化或两者均可的部位要明确尺寸精度要求。

目前，离子渗氮已广泛应用于热锻模、冷挤压模、压铸模、塑料模等几乎所有的模具上，很好地解决了硬度、韧性、热疲劳性和耐磨性几者之间的矛盾。

3. 碳氮共渗

碳氮共渗是在渗碳和渗氮的基础上发展起来的一种化学热处理方法。它是将碳原子和氮原子同时渗入钢件表面的过程。由于早期的碳氮共渗是在含氰化物的盐浴中进行的，所以俗称"氰化"。碳氮共渗与渗碳相比，其处理温度低，渗后可直接淬火，工艺简单，晶粒不易长大、变形开裂倾向小，能源消耗少，渗层的耐疲劳性、耐磨性和抗回火稳定性好；与渗氮相比，生产周期大大缩短，对材料适用广。

碳氮共渗兼有渗碳和渗氮的优点，主要优点有以下几方面：

（1）渗层性能好。碳氮共渗与渗碳相比，碳氮共渗层的硬度与渗碳层的硬度差不多，但其耐磨性、抗腐蚀性及疲劳强度都比渗碳层高。碳氮共渗层一般比渗氮层厚，并且在一定温度下不形成化合物白层，故其比渗氮层抗压强度高，而脆性较低。

（2）渗入速度快。在碳氮共渗的情况下，碳氮原子互相促进渗入过程，在相同温度下，碳氮共渗速度比渗碳和渗氮都快，仅是渗氮时间的 $1/3 \sim 1/4$。

（3）模具变形小。碳氮共渗温度一般低于渗碳温度，又没有马氏体、奥氏体的组织转变，所以变形较小。

根据共渗介质的不同，碳氮共渗可以分为气体碳氮共渗、液体碳氮共渗和固体碳氮共渗。

固体碳氮共渗与固体渗碳相似，所不同的是渗剂中加入了含氮物质。液体碳氮共渗是将模具等放入含有氰化物盐的盐浴中加热，虽然其时间短，效果好，但毒性大，应用较少。虽然采用无毒盐的液体碳氮共渗，其原料无毒，但反应产物仍然含有氰化物，容易造成环境污染，对人体有害，也不宜采用。应用最多的是气体碳氮共渗。

气体碳氮共渗的共渗介质有三类：一是渗碳气加氨气，渗碳气可以用天然气、液化石油气、煤气等；二是液体渗碳剂加氨气，液体渗碳剂有煤油、苯等；三是含碳和氮的有机化合物液体，如三乙醇胺、尿素甲醇溶液加丙酮等。三乙醇胺是一种活性较强、无毒的共渗剂，但其黏度大，流动性差，可采用酒精按 1：1 稀释后使用。

采用 45 号钢制造的切边模具经过碳氮共渗工艺（图 1-30）处理后的渗层厚度为 $0.95 \sim 1$mm，表面硬度为 927HV。其模具寿命与采用气体渗氮工艺制造的同种模具的寿命及工艺对比见表 1-12，经过碳氮共渗后的 45 号钢模具的寿命可与 Cr12MoV 钢制造的模具相媲美。

图 1-30　钢模具碳氮共渗工艺

表 1-12　模具碳氮共渗工艺及性能

模具材料	热处理工艺	渗层深度/mm	表面硬度/HV	平均寿命/件
Cr12 MoV	1050℃淬火,560℃渗氮 3h,180℃回火 3h	0.10～0.12	1037	16000
45	800℃碳氮共渗 4h,淬火,180℃回火 2～3h	0.50～0.60	941	16500
	820℃碳氮共渗 4h,淬火,180℃回火 2～3h	0.65～0.70	927	16000
	850℃碳氮共渗 4h,淬火,180℃回火 2～3h	0.95～1.0	882	12000
	580℃碳氮共渗 2h,900℃渗硼 4h,180℃回火 3h	0.09～0.10	1453	4400

4. 氮碳共渗

氮碳共渗工艺源于原西德,是在液体渗氮基础上发展起来的。早期氮碳共渗是在含氮化物的盐浴中进行的。由于处理温度低,一般为 500～600℃,过程以渗氮为主,渗碳为辅,所以又称为"软氮化"。

氮碳共渗工艺的优点是:

(1)氮碳共渗层有优良的性能,渗层硬度高,碳钢氮碳共渗处理后渗层硬度可达 570～680HV,模具钢、高速钢、渗氮钢共渗后硬度可达 850～1200HV;脆性低,有优良的耐磨性、耐疲劳性、抗咬合性、热稳定性和耐腐蚀性。

(2)工艺温度低,且不淬火,工件变形小。

(3)处理时间短,经济性好。

(4)设备简单,工艺易掌握。

存在的问题是:渗层浅,承受重载荷零件不宜采用。

氮碳共渗工艺也有气体、液体和固体氮碳共渗工艺。固体氮碳共渗工艺较少应用,使用最多的是气体氮碳共渗工艺,尤其是以尿素、甲酰胺、三乙醇胺为渗剂的气体氮碳共渗为多。目前国内外采用比较多的是低温气体氮碳共渗。

早期使用的液体氮碳共渗主要是在氰盐和氰酸盐溶液中进行。由于氰盐剧毒,公害严重,后来随着研究出许多新的渗剂,它就慢慢地被其他渗剂代替了。

三、渗硼

渗硼是继渗碳、氮之后发展起来的一项重要、实用的化学热处理工艺技术,是提高钢件表面耐磨性的有效方法。将工件置于能产生活性硼的介质中,经过加热、保温,使硼原子渗入工件表面形成硼化物层的过程称为渗硼。金属零件渗硼后,表面形成的硼化物(FeB、Fe_2B、TiB_2、ZrB_2、VB_2、CrB_2)及碳化硼等化合物硬度极高($1300\sim2000HV$),热稳定好。其耐磨性、耐腐蚀性、耐热性均比渗碳和渗氮高,可广泛用于模具表面强化,尤其适合在磨粒磨损条件下的模具。根据采用介质的不同,渗硼分为固体法、液体法和气体法。

四、多元共渗

模具的化学热处理不仅可以渗入碳、氮、硼等非金属元素,还可以渗入铬、铝、锌等金属元素。在钢的表面渗入金属元素后,使钢的表面形成渗入金属的合金,从而可提高抗氧化、抗腐蚀等性能。各种合金钢的化学成分中,含有多种元素,因而可以兼有多种性能。同样在化学热处理中若向同一金属表面渗入多种元素,则在钢的表面可以具有多种优良的性能。将工件表层渗入多于一种元素的化学热处理工艺就称为多元共渗。

由于各种模具的工作条件差异很大,只能根据模具工作零件的工作条件,经过分析和实验,找出最适宜的表面强化方法。当渗入单一元素的化学热处理不能满足模具寿命的要求时,可考虑多元共渗的方法。实践证明,适当的多元共渗方法对提高模具具有显著的效果。

共渗层的相组织不仅与基体材料、处理工艺有关,而且还与渗入元素的浓度比例有关。

4.3 模具的其他表面处理技术

模具在工作中除了要求基体具有足够高的强度和韧性的合理配合外,其表面性能对模具的工作性能和使用寿命至关重要。这些表面性能指:耐磨损性能、耐腐蚀性能、摩擦系数、疲劳性能等。这些性能的改善,单纯依赖基体材料的改进和提高是非常有限的,也是不经济的,而通过表面处理技术,往往可以提高模具表面质量,延长模具寿命。

一、激光表面处理技术

激光表面处理技术是指一定功率密度的激光束以一定的扫描速度照射到工件的工作面上,在很短时间内,使被处理表面由于吸收激光的能量而急剧升温,当激光束移开时,被处理表面由基材自身传导而迅速冷却,使之发生物理、化学变化,从而形成具有一定性能的表面层,提高材料表面的硬度、强度、耐磨性、耐蚀性和高温性能等,可显著地改善产品的质量,提高模具(或工件)的寿命,取得良好的经济效益。

目前,国内激光热处理已经应用于生产实践。GCr15钢制冲孔模经激光强化处理后,其使用寿命提高了2倍,硅钢片模具经处理后,使用寿命提高了10倍。

激光表面处理工艺包括相变硬化、熔凝、涂覆、合金化、非晶化和微晶化、冲击强化等。

二、电火花表面强化

电火花加工技术广泛应用于模具制造、复杂表面形状的零件加工和难切削材料的加工。电火花表面强化技术是利用电火花强化被金属表面的部位,较其他方法简单,效果好,因而它在实际生产中得到广泛的应用。

电火花表面强化是采用脉冲放电技术,直接利用火花放电时释放的能量,将一种导电材料涂覆或扩渗到另一种材料的表面,形成合金化的表面强化层,从而达到改善被强化工件表面性能的目的。电火花表面强化的优点是设备简单、操作方便等。这项技术已在模具上获得应用,可强化压铸模、锻模等。用硬质合金强化冷冲模、拉深模、玻璃模等均获得良好效果。利用该工艺可有效改善工模具工作表面的物理、化学性能,提高工作面硬度,增强耐磨性,延长工模具使用寿命,并可在保持基体金属原始性能的情况下修复表面破损。

图 1-31 电火花表面强化工艺的工作原理

电火花表面强化工艺的工作原理如图 1-31 所示。在工具电极与被强化金属零件之间接上直流(或交流)电源,在振动器作用下使工具电极与金属零件之间的放电间隙频繁发生变化。当工具电极与金属零件之间距离较大时,电源经过电阻 R 对电容进行充电,与此同时工具电极在振动器作用下逐渐靠近金属零件;当两者之间的距离达到某一间隙值时,间隙中的空气被击穿,产生电火花放电,使工具电极端部与金属零件表面局部微区产生熔化甚至汽化;当工具电极在振动器作用下继续靠近并与金属零件接触时,电火花放电停止,在接触处流过短路电流,使该处继续加热熔化,工具电极继续向下移动并对金属零件熔化微区施加一定压力,使工具电极材料与金属零件熔化部分压合渗透,各种元素急剧扩散并形成金属或新的化合物溶渗层;然后工具电极在振动器作用下离开金属零件,由于金属零件的热容大于工具电极,金属零件放电部位急剧冷却后即形成具有不同组织结构的强化层。按上述方法进行多次充放电,并相应移动工具电极位置,即可在金属零件表面形成具有要求性能的强化层。

但是,电火花强化也存在强化层薄、表面较粗糙、表层均匀性差等不足。因此,在电火花强化之后,为了得到所要求的精度,可进行适当的磨削加工,但磨削后并不会影响强化层的硬度和耐磨性(在保持表面层硬度的条件下)。磨削后在强化表面会残留微孔,将显著改善配合零件的润滑条件,另一方面又可改善耐磨性能,一般经强电火花强化的模具,使用寿命可延长数倍。例如采用 WC、TiC 等硬质合金电极材料强化高速钢或合金工具钢强化寿命,能形成显微硬度 1100HV 以上的耐磨、耐蚀和具有红硬性的强化层,使模具的使用寿命明显地得到提高。如冲压硅钢片(厚 0.35～0.4mm)的落料模,经电火花强化后使用寿命延长 2～3 倍,定子双槽冲模由 5 万次/刃磨,提高到 20 万次/刃磨。

一些电火花强化前后的模具工作寿命见表 1-13。从表中可见,经电火花强化后模具寿命提高了 1～3 倍。

表 1-13　一些模具电火花强化前后的工作寿命

模具名称	模具材料	被加工工件材料	强化前平均加工数	强化后平均加工数
压缩机阀片复合冲模	T8A,T10A,Cr12MoV	30CrMnSiA	300	1000
套筒扳手热压模	3Cd21V8v	40Cr	3000	4000
双槽冲模	Cr12	0.5mm 硅钢片	5000	15000

利用电火花表面强化工艺还可实现模具刻字、打标记、处理折断丝锥或钻头、加工盲孔等功能。选用硬质合金、铜等导电材料作为工具电极,可方便地在有色金属表面上刻字和打标记,标记美观、耐磨,尤其适用于不能用刻字机、打标机进行加工操作的模具零件及淬火零件。利用电火花强化装置附加的穿孔器还可在淬火工件上加工盲孔或处理折断在孔中的丝锥或钻头等。

三、气相沉积技术

采用气相沉积技术在模具表面上制备硬质化合物涂层的方法,由于其技术上的优越性及涂层的良好特性,因此,在各种模具、切削工具和精密机械零件等进行表面强化的主要技术,有着广阔的应用前景。

根据沉积的机理不同,气相沉积可分为化学气相沉积(CVD)、物理气相沉积(PVD)和等离子体化学气相沉积(PCVD)等。它们的共同特点是将具有特殊性能的稳定化合物 TiC、TiN、SiN、Cr_7C_3、$Ti(C,N)$、(Ti,Al)、$(Ti,Si)N$ 等直接沉积于金属工件表面,形成一层超硬覆盖膜,从而使工件具有高硬度、高耐磨性、高抗蚀性等一系列优异性能。

四、TD 处理技术

TD 处理(Toyota Diffusion Coating Process)技术是由日本丰田中央研究所开发的,因此也称为丰田扩散法,是用熔盐浸镀法、电解法及粉末法进行表面强化处理技术的总称。过去有些文献将 TD 处理称为渗金属处理,而实际应用最为广泛的是熔化浸镀法(或称熔盐浸渍法、盐浴沉积法)在模具表面形成 VC、NbC、$Cr_{23}C_6$-Cr_7C_3 等碳化物超硬层的方法。经 TD 法处理的模具表面形成 $5\sim15\mu m$ 厚的 VC 等薄膜,可显著提高模具表面的硬度、耐磨性、抗黏着性和耐蚀性等,从而大大提高了模具的使用寿命。

一般来说,采用 TD 处理与采用 CVD、PVD 等方法进行的表面硬化处理效果相近似,但由于 TD 处理法具有设备简单、操作方便、成本低廉等优点,所以是一种很有发展前途的表面强化处理技术。TD 处理在国外应用已相当普遍,但在国内报道并不多见。

目前,TD 处理已在各类冲模、锻模、拉丝模等中得到了应用。但是,由于 TD 处理的温度高达 1000℃,所以材质受到限制。同时,因变形较大,不适合高精度模具,而且 VC 薄膜的耐热、耐氧化、耐烧结性都比氮化物差。

五、CVD 技术

CVD(化学气相沉积)和 PVD(物理气相沉积)技术均被广泛应用于模具表面处理,其中 CVD 涂层技术具有更卓越的抗高温氧化性能和强大的涂层结合力,在高速钢切边模、挤压模上应用效果良好。

CVD 技术是一种热化学反应过程,是在特定的温度下,对经过特别处理的基体零件(包括硬质合金和工具钢)所进行的气态化学反应,即利用含有膜层中各元素的挥发性化合物或单质蒸汽,在热基体表面发生气相化学反应,反应产物沉积形成涂层的一种表面处理技术,可适用于各种金属成形模具和挤压模具(图 1-32)。一般情况下,经过处理的零件具有很好的耐磨性能、抗高温氧化性能和耐腐蚀性能。该技术也被广泛应用于各种硬质合金刀片和冲头。但是,由于 CVD 是一个高温过程,对于大多数的钢质零件,在 CVD 涂层后要进行再次热处理。

图 1-32 CVD 涂层技术处理的产品

六、脉冲高能电子束技术

近十几年来,脉冲高能束技术发展迅速,并在表面工程领域显示出特有优势,得到人们的广泛重视和研究。

利用脉冲高能束可以实现多种表面处理工艺,究其本质,就是通过瞬时高能量密度作用在材料表层产生一种远离平衡态的极端处理条件,使能量影响区内的材料发生质量分布、化学及力学状态变化,最终获得常规方法难以达到的表面结构和使用性能。目前,脉冲高能束流主要包括激光束、离子束、电子束和等离子体束几种。其中,使用电子束进行表面处理具有以下优势:以加速电子为能量载体,与材料表面相互作用时能量转化效率比激光处理高出 $70\% \sim 80\%$,并且无元素注入问题,真空中进行处理可避免氧化和污染问题等。

应用脉冲高能束技术的这种抛光强化复合处理方法符合自动化、高效、节能和环保等现代高技术研究的发展要求。发展这种具有自主知识产权的模具电抛光强化技术,可以提高我国的模具加工和使用水平,以迎接高新材料领域发展的需求和挑战。

第2章　模具成形表面的机械加工

　　机械加工是模具加工中传统的加工方法,直至今天机械加工在模具加工中仍有其特殊的地位。当模具形状、结构简单时采用机械加工方法可直接完成模具加工,当模具形状复杂时,机械加工可完成模具的粗、半精加工,为模具的进一步加工创造条件。

　　机械加工常用的加工方法有铣削加工、磨削加工等。

第1节　铣削加工

1.1　铣削机床种类

　　铣削加工是模具成形表面的主要加工方法之一。铣削加工后的表面粗糙度 Ra 可达 12.5～0.40μm,精度可达 IT8～IT10。铣床的种类很多,常用的有下面几种。

一、升降台式铣床

　　升降台式铣床又称曲座式铣床,它的主要特征是沿床身垂直导轨运动的升降台(曲座)。工作台可随着升降台作上下(垂直进给)运动。工作台本身在升降台上面又可作纵向和横向运动,故使用灵便,适宜于加工中小型零件。因此,升降台式铣床是用得最多和最普遍的铣床。这类铣床按主轴位置可分为卧式和立式两种。

　　1.卧式铣床

　　主要特征是主轴与工作台台面平行,成水平位置。铣削时,铣刀和刀轴安装在主轴上,绕主轴轴心线做旋转运动,工件和夹具装夹在工作台台面上作进给运动。卧式铣床根据加工范围的大小又可分为卧式升降台铣床和卧式万能升降台铣床。

　　(1)卧式升降台铣床俗称平铣,它的纵向工作台和纵向进给方向与主轴轴心线垂直,而且垂直度很准确。因此,这种铣床在使用过程中,不需对纵向进给方向进行校正,但工作范围较小。

　　(2)卧式万能升降台铣床俗称万能铣,由于在纵向工作台和横向工作台之间有一个回转盘,并刻有度数。使用时,可根据需要,使纵向工作台在 45°左右的范围内,转到所需要的位置。卧式万能铣床还带有较多的附件,故加工范围比较广。X62W 型卧式万能铣床是国产万能铣床中较为典型的一种。

　　2.立式铣床

　　其主要特征是主轴与工作台台面垂直,主轴呈竖直立式状。立式铣床安装主轴的部分称为立铣头。立铣头与床身有成一体的,这种铣床的铣头刚性较好,但加工范围较小。立铣头与床身由两部分结合而成的,结合处呈转盘状,并有刻度。立铣头可按工作需要,向左右扳转一个角度,使主轴与工作台台面倾斜一个所需的角度,加工范围较广。

　　立式铣床,由于操作时观察、检查和调整铣刀位置等都比较方便,生产率较高,故在生产车间用得很广。

二、工作台不升降铣床

铣床的工作台安装在支座上,支座与底座连在一起。这种铣床是没有升降台的,故又称无升降台式铣床(或固定台座式铣床)。工作台只作纵向和横向移动,其升降运动是由立铣头沿床身的垂直导轨作上下移动来实现的。由于工作台直接安装在支座上,故刚性好、承载能力大,适宜于进行高速切削和强力切削,也适宜于加工重量较大的大型和重型工件。

(1)龙门铣床。龙门的水平导轨上安装有两个立铣头,在两侧的垂直导轨上各装有一个卧式铣头。铣削时,可同时安装 4 把铣刀,铣削工件的四个表面,也可按需要只装一把、二把或三把铣刀。龙门铣床的工作台一般只能作纵向运动,垂直和横向运动则由铣头和龙门框架来完成。根据铣头轴数的不同而有单轴、双轴和四轴等多种型式。这类铣床是一种大型铣床,也是无升降台的,适合加工大型和重型工件,生产效率高。

(2)万能工具铣床。其是一种能完成多种铣削工作的铣床,如 X8126 型万能工具铣床。工作台不仅可以作三个方向的平移,还可以做多方向的回转。这种铣床还具备较多的附件,故特别适用于加工刀具、样板和其他各种工具,以及较复杂的小型零件。

(3)特种铣床。又叫专用铣床,是完成一个特定工序的专用铣床,一般以加工工序的名称命名,如加工键槽的键槽铣床、加工特形表面用的平面仿形铣床。

(4)多功能铣床。这类铣床的特点是具有广泛的万能性和适应性,并附有较多的附件,以适应加工各种类型的零件,如摇臂万能铣床,能进行立铣、卧铣、镗和插等工序的工作。

(5)数字程序控制铣床。简称数控铣床,是采用电子技术自动控制的新型铣床。以数字编排好程序,输入控制柜后,按照要求,自动加工出所需要的零件。因此数控铣床适宜于加工形状复杂和精度高的零件,以及由平面曲线和立体曲线组成的曲面。

1.2 普通铣削

一、铣削工艺

1. 切削过程的基本规律

任何刀具在把工件上的金属表层切下而成切屑的过程中,都包含两个方面:一个是刀刃的切割作用,另一个是刀面推挤和撑开的作用,使切屑脱离加工面。

(1)刀刃的切割作用

当刀具与工件接触,并使作用力逐渐增大时,工件上的应力也逐渐增大,在刃口处的应力最大。应力最大的地方,金属就最先破裂而分离。因此金属表层与工件分离总是首先在刀口处形成,这是刀刃的切割作用。

(2)刀具前刀面的推挤作用

在给刀具以足够的力,并使相对运动连续进行时,被切金属将沿刀刃运动方向分离而形成已加工表面。同时前刀面的撑挤使被切削层产生弹性变形、塑性变形,最后形成切屑,这是前刀面的推挤作用。

刀刃锐利,就是说刃口圆弧半径很小,则切削时在刃口处的应力更集中,切割作用强。切削时就省力,分离处也整齐,加工的表面粗糙度也小。前刀面的倾斜度适当增大,在推挤金属表层时,向上的分力也增加,而压缩金属表层的作用力相应减小,易使切屑撑开和滑出,可减小切削时的阻力。

2.已加工表面的冷硬现象

金属经过冷加工后,强度、硬度提高,而塑性下降,这种现象称为冷作硬化,又称冷硬现象。这一现象是由金属材料在加工过程中的塑性变形所造成,变形越大,冷硬现象越严重。

在金属切削过程中,已加工表面在刀具的作用下产生较大的塑性变形,因而冷硬现象也严重存在。在切削过程中,基本变形区往往深入到已加工表面以下,刃前变形区包括已加工表面以下的一定深度,已加工表面最后形成之前,由于刀刃圆弧的挤压和后刀面的摩擦,再一次产生塑性变形,因而在已加工表面以下的一定深度范围内也会出现冷硬现象。

切削加工所造成的已加工表面硬化层,尤其是受拉应力造成的硬化层,常常伴随着表面裂纹,使表面粗糙度增大,疲劳强度下降。由于硬化层的存在,在粗加工后会加快下道工序刀具的磨损,因此应该设法减轻这种现象。

在铣削过程中,减轻冷硬层的深度的措施有:

(1)提高刀刃的锋利程度,以减小刀刃圆弧的半径。

(2)适当减小切削层厚度和每齿进给量。

(3)适当增大切削速度。

(4)减小后刀面的粗糙度。

3.铣削力

在铣削过程中,铣削力直接影响着切削热的产生,并影响着刀具磨损、耐用度、加工精度和已加工表面质量。另外,由于切削力的作用,对铣床、刀具和夹具的刚性和强度,以及对铣床的功率都有一定的要求。故在生产中,对铣削力的大小和方向应有一定的认识。因此,了解铣削力的变化规律,对生产实际有重要的指导意义。

(1)铣削力的来源

铣削时有大小相等、方向相反的力分别作用在铣刀和工件上。这个铣削过程中产生的力称为铣削力。铣削力的产生,是由于铣削时在铣刀的作用下,切削层金属产生变形、割裂和推离时的抗力,以及切屑对前刀面和切削表面对后刀面的摩擦阻力。这些力作用在铣刀上,对生产实际有重要的指导意义。

(2)影响铣削力的因素

①工件材料。它的强度、硬度愈高,则变形抗力愈大,虽然变形系数 K 有所下降,但总的铣削力还是增大的。强度、硬度相近的材料,其塑性愈大,则变形也大,而且切屑和前刀面间的摩擦系数较大,接触区较长,故铣削力增大。韧性高的材料,铣削力也比较大。切削脆性金属材料时,由于塑性变形很小,故铣削力较小。

②铣削速度 v。铣削速度对铣削力没有显著的影响。在铣削塑性金属时,提高铣削速度会使铣削力下降,但不明显。

③刀具对铣削力的影响

a.前角 γ。前角增大时,刃口锋利,可加强切割作用,金属容易被切开,同时前刀面推挤金属表层的阻力减小,使切屑的变形和与前刀面的摩擦减小,因此铣削力降低。但在高速铣削时增大前角对减小铣削力的效果不大,故采用较小的前角甚至负前角。

b.刃倾角 λ(螺旋角 β)。刃倾角对铣削力的影响不大。但改变刃倾角的方向和大小能改变铣削力的方向。

c.主偏角 Φ。主偏角增大可以缩短 b,而使铣削力稍有下降,但并不显著。然而主偏角大小能改变轴向力的大小,主偏角愈大,轴向力愈大。

d.铣刀直径 D 和齿数 z。铣刀齿数 z 增大时,同时增加切削的齿数必然增加,当齿数不变时切削面积随切削齿数成正比增加,而使铣削力减小。铣刀直径 D 对铣削力影响极小。

e.刀具磨损。铣刀磨损后,刀刃边钝,刀刃圆弧半径显著增大,铣削力会迅速增加。另外,铣刀在后刀面上会形成后角等于零,作用在后刀面上的正压力和摩擦力都将增大,故铣削力也会增大。

④切削液。以冷却作用为主的水溶液,对铣削力影响不大;而润滑作用强的油类切削液,由于它的润滑作用,减小了刀具前刀面与切屑、后刀面与工件表面之间的摩擦,甚至还能减小切屑滞留层的变形,从而减小铣削力。

4.铣削用量的选择

在根据加工对象(工件)的具体条件、要求,合理选择好刀具材料、铣刀的几何参数和寿命,以及是否采用切削液等以后,接着应选择合理的铣削用量。所谓合理的铣削用量,就是指充分利用铣刀的切削能力和机床性能,在保证质量的前提下,获得较高生产效率和较低加工成本的铣削用量。

(1)选择铣削用量的原则

粗加工时,在机床动力和工艺系统刚性允许的前提下,以及合理的铣刀寿命条件下,首先应选用较大被切金属层的宽度,其次是选用较大的被切金属层深度(厚度),再选用较大的每齿进给量,最后根据铣刀寿命确定铣削速度。

精加工时,为了保证获得合乎要求的加工精度和表面粗糙度,被切金属层的宽度应尽量一次铣出,被切金属层的深度一般在 0.5mm 左右,再根据表面粗糙度要求,选择合适的进给量,然后确定合理的铣刀寿命和铣削速度。

(2)被切金属层深度(厚度)的选择

当铣床功率和工艺系统刚性、强度允许,且加工精度要求不高,加工余量不大时,可一次进给铣去全部余量。当加工精度要求较高或加工表面粗糙度小于 $Ra\ 6.3\mu m$ 时,铣削应分粗铣和精铣。当工件材料的硬度和强度较高时,应取较小值。当加工余量较大时,可采用阶梯铣削法。

(3)进给量的选择

粗铣时,进给量的提高主要是受刀齿强度及机床、夹具等工艺系统刚性的限制。铣削用量大时,还受机床功率的限制。因此在上述条件许可的情况下,可尽量取得大些。

精铣时,限制进给量的主要因素是加工精度和表面粗糙度。每齿进给量愈大,表面粗糙度值也愈大。在表面粗糙度值要求较小时,还要考虑到铣刀刀齿的刀刃或刀尖不一定在同一个旋转的圆周或平面上,在这种情况下铣出的平面,将以铣刀一转形成一个波纹。因此,精铣时,在考虑每齿进给量的同时,还需考虑每转进给量。

(4)铣削速度的选择

合理的铣削速度,是在保证加工质量和铣刀寿命的条件下确定的。

铣削时影响铣削速度的主要因素有:刀具材料的性质和刀具寿命、工件材料的性质、加工条件及切削液的使用情况等。

①粗铣时铣削速度的选择

粗铣时,由于金属切除量大,产生的热量多,切削温度高,为了保证合理的铣刀寿命,铣削速度要比精铣时低一些。在铣削不锈钢等韧性和强度高的材料,以及其他一些硬度和热强度等性能高的材料时,产生的热量更多,则铣削速度就应降低。另外,粗铣时,粗铣时由于铣削力大,故还需考虑机床功率是否足够,必要时可适当降低铣削速度,以减小功率。

②精铣时铣削速度的选择

精铣时,由于金属切除量小,所以在一般情况下,可采用比粗铣时高一些的铣削速度,但提高铣削速度,又将使铣刀磨损速度加快,从而影响加工精度。因此,精铣时限制铣削速度的主要因素是加工精度和铣刀寿命。有时为了达到上述两个目的,采用比粗铣时还要低的铣削速度,即低速铣削,可使刀刃和刀尖的磨损量极少,从而获得高的加工精度。

二、铣削刀具

铣刀的种类很多,按其用途可分为:加工平面用铣刀、加工沟槽用铣刀和加工特形面用铣刀三大类。

1. 加工平面用铣刀

加工平面用铣刀的外形如图 2-1 所示。

(a) (b) (c)

图 2-1 加工平面用铣刀

(1)圆柱形铣刀。主要用于粗铣及半精铣平面(图 2-1(a))。

(2)端铣刀。有整体式、镶齿式和可转位(机械夹固)式三种,用于粗、精铣各种平面(图 2-1(b)、(c))。

此外,加工较小的平面时可使用立铣刀和三面刃铣刀。

2. 加工沟槽用铣刀

加工沟槽用铣刀外形如图 2-2、2-3 所示。

(a) (b) (c) (d)

图 2-2 加工沟槽用铣刀

图 2-3　加工特形沟槽用铣刀

(1)立铣刀。用于铣削沟槽、螺旋槽及工件上各种形状的孔,铣削阶台平面、侧面、铣削各种盘形凸轮与圆柱凸轮,以及通过靠模铣削内、外曲面。

(2)三面刃铣刀。分直齿、错齿和镶齿等几种。用于铣削各种槽、阶台平面、工件的侧面和凸台平面等。

(3)槽铣刀。用于铣削螺钉槽及工件上其他槽。

(4)锯片铣刀。用于铣削各种槽及板料、棒料和各种型材的切断。

(5)T 形槽铣刀。用于铣削 T 形槽。

(6)燕尾槽铣刀。用于铣削燕尾槽。

(7)角度铣刀。分单角铣刀、对称双角铣刀和不对称双角铣刀三种。单角铣刀用于各种刀具的外圆齿槽与端面齿槽的开齿和铣削各种锯齿形离合器与棘轮的齿形。对称双角铣刀用于铣削各种 V 形槽和尖齿、梯形齿离合器的齿形。不对称双角铣刀主要用于各种刀具上外圆直齿、斜齿和螺旋齿槽的开齿。

1.3　工具铣削

应用万能工具铣床可加工非回转曲面的型腔或型腔中非回转曲面部分,如塑料模的型腔等。

1.加工工艺

在万能工具铣床上加工模具时,一般采用手动操作,劳动强度大,对工人的操作技能要求较高。加工中,为了提高生产率,对于加工余量较大的型腔,一般先进行粗加工,切除大部分的加工余量,然后由工具铣床进行精加工,最后由钳工修配、抛光达到技术要求,现以图 2-4所示起重吊环成形模型腔为例说明型腔的铣削过程。

铣削前的准备工作有:首先应根据图纸和各尺寸之间的几何关系计算出 R14mm 至中心线距离 30.5mm,两 R14mm 的中心距 61mm,吊环 R40 两圆弧中心距离 36mm,R14 中心与 R26 中心的水平距离为 60.78mm;然后将圆工作台安装在铣床工作台上,使圆工作台回转中心与机床回转中心重合。再将模板安装在圆工作台上,按画线找正并使一个 R14mm 的圆弧中心和圆工作台中心重合;再用两定位块 1 和 2 靠在工件两个互相垂直的基面上并在侧面垫入尺寸为 61mm 的块规。分别将定位块和工件压紧固定,如图 2-5(a)所示。

图 2-4　起重吊环成形模型腔

铣削过程如下:

(1)移动铣床工作台使铣刀和型腔圆弧槽对正,转动圆工作台进行铣削。首先加工出一个 $R14\text{mm}$ 的圆弧槽,如图 2-5(a)。

(a)工件装夹、铣$R14\text{mm}$的圆弧槽　　　　(b)铣第二个$R14\text{ mm}$圆弧槽

(c)铣$R14\text{ mm}$圆弧槽　　　　(d)铣第二个$R14\text{ mm}$圆弧槽

图 2-5　铣削过程

（2）松开工件，在定位块 1 和工件之间取走尺寸为 61mm 的块规，使另一个 R14mm 圆弧槽的中心与圆工作台中心重合。压紧工件并铣削出另一个圆弧槽，如图 2-5(b)所示。圆弧槽加工结束后，移动铣床工作台，使铣刀中心找正型腔中心线，利用铣床工作台进给铣削两凸圆弧槽中间衔接部分，保证连接平滑。

（3）松开工件，在定位块 1、2 和基准面之间分别垫入尺寸为 30.5mm 和 60.78mm 的块规使 R40mm 圆弧中心与圆工作台中心重合。移动工作台使铣刀和型腔圆弧槽对正，进行铣削加工达到要求，如图 2-5(c)所示。

（4）松开工件，在定位块 2 和基准面之间再垫入尺寸为 96.78mm 的块规，使工件另一个 R40mm 圆弧槽中心与圆工作台中心重合。压紧工件铣削圆弧槽达到要求的尺寸，如图 2-5(d)所示。

（5）铣削直线圆弧槽，移动铣床工作台铣削型腔直线部分，保证直线部分的圆弧槽和圆弧部分的圆弧槽衔接平滑。

（6）圆柱型腔部分的加工在车床上车削成形。

2.常用铣刀具

在万能工具铣床上除了采用标准的铣刀加工外，常用的铣刀还有：

（1）单刃铣刀

单刃铣刀是应用广泛，制造最为方便的一种。为了获得较好的加工质量和提高生产率，铣刀及几何参数的选用是根据零件加工表面的形状和刀具的材料、强度、耐用度及其他的加工条件而确定的。

$\alpha=25°$ $\beta=15°$ $\gamma=5°$

图 2-6 单刃铣刀

常用单刃铣刀的种类及用途如图 2-6 所示。图 2-6(a)所示的刀具适于加工平底、侧面为垂直平面的工件。图 2-6(b)所示的刀具适于加工半圆槽及侧面垂直、底面为圆弧的工件。图 2-6(c)所示的刀具适于加工平底斜侧面的工件。图 2-6(d)所示的刀具适于加工刻铣细小文字及花纹的工件。

(2)双刃铣刀

如图 2-7 所示的双刃铣刀,适合于铣削型腔中直线的凹凸型面和深槽。铣削时铣刀受力平衡,可采用较大的铣削用量,铣削效率较高,易于保证加工精度。双刃铣刀为标准产品,有锥柄和直柄两种,可以直接采用,无需自制,使用方便。

(a)直刃

(b)螺旋刃

图 2-7　双刃铣刀

(3)利用旧麻花钻改制的立铣刀

按照加工的需要由经验丰富的工人把旧麻花钻改制成立铣刀。改制后的立铣刀具有双刃铣刀的切削性能,既经济又实用。

第 2 节　磨削加工

磨削是一种精加工方法,模具绝大部分零件都要经过磨削加工。磨削加工精度可达 IT5~IT6,表面粗糙度 $Ra \leqslant 0.8\mu m$。

磨削加工包括普通磨削、成形磨削和坐标磨削。普通磨削是在普通平面磨床、外圆磨床、万能外圆磨床、内圆磨床等磨床上利用标准砂轮进行模具零件简单成形表面的精加工方法,这里不再赘述。

2.1　成形磨削

成形磨削是在成形磨床或平面磨床上,对复杂模具成形表面进行精加工的方法。它具有精度高、效率高等优点。在模具制造中,主要用于凸模、型芯、拼块凹模、拼块型腔等模具零件的精加工。成形磨削方法有两种:成形砂轮磨削法、夹具磨削法。

一、成形砂轮磨削法

成形砂轮磨削法是利用砂轮修整工具,将砂轮修整成与工件型面相吻合的相反型面,然后用该砂轮磨削工件,获得所需的形状与尺寸,如图 2-8 所示。砂轮的修整,主要是采用砂轮修整工具(如大颗粒金刚石、滚压轮等),利用车削法或滚压法对砂轮成形表面不同角度的直线和不同半径的圆弧进行修整。

图 2-8　成形砂轮磨削法

1.砂轮角度的修整

修整砂轮角度的目的是为了磨削斜面。在修整砂轮角度时,采用如图 2-9 所示的夹具。夹具的工作过程为:旋转手轮 3 时,通过齿轮 10 和固定在滑座 8 上的齿条 9 传动,使装有金刚刀 7 的滑块沿正弦尺座 6 的导轨往复运动。正弦尺座可绕芯轴 11 转动,所转角度的大小,可采用在正弦圆柱 2 与平板 1 之间垫量块的方法加以控制。当转动到合适角度后,用螺母 4 将其压紧在支架 5 上。通过金刚刀的往复运动即可修整 0°~90°之间的各种角度。

1-平板　2-正弦圆柱　3-手轮　4-螺母　5-支架　6-正弦尺座　7-金刚刀
8-滑座　9-齿条　10-齿轮　11-芯轴
图 2-9　修整砂轮角度的夹具

量块 H 的大小可以通过计算得到,当需要修整的角度为 $0 \leqslant \alpha \leqslant 45°$ 时,如图 2-10(a)所示,此时在平板上应垫量块 H 为:

$$H = P - L\sin\alpha - d/2$$

式中:H——应垫量块值,mm;

P——夹具的回转中心至量块平面的高度,mm;

L——正弦圆柱中心至夹具回转中心的距离,mm;

d——正弦圆柱直径,mm。

图 2-10 量块尺寸的计算

当需要修整的角度为 $45°{\leqslant}\alpha{\leqslant}90°$ 时,可在垫板侧面垫量块,如图 2-10(b)所示,应垫量块值 H 为:

$$H=P'+L\sin(90°-\alpha)-d/2$$

式中:P'——夹具的回转中心至侧面垫板的距离,mm。

2.砂轮圆弧的修整

修整砂轮圆弧的夹具结构形式很多,有立式、卧式、摆动式、万能式等,但其修整原理基本相同。

如图 2-11 所示为一种应用较广的卧式修整砂轮圆弧的夹具,正弦分度盘 3 固定在主轴 4 的后端,可随主轴一起转动,利用其外圆上的刻度控制手轮 2 的回转角度,主轴的另一端连有滑座 6 和摆动支架 7,通过旋转螺杆 5 控制摆动支架在滑座中的移动,调节金刚刀尖 8 至夹具回转中心的距离,从而完成对砂轮成形表面圆弧的修整,包括各种不同直径的凸圆弧和凹圆弧砂轮。

修整时,应根据所修砂轮的凸凹情况及半径大小计算量块值,调节好金刚刀的位置。然后将该工具安装到磨床台面上,使金刚刀尖处于砂轮的下方。通过旋转手轮使金刚刀绕工具的回转中心摆动,完成修整任务。

修凸圆弧砂轮时,如图 2-12(a)所示,金刚刀尖应低于工具的回转中心,所垫量块值 H_1 为:

$$H_1=P-R$$

式中:P——工具的中心高,mm;

R——砂轮的圆弧半径,mm。

修凹圆弧砂轮时,如图 2-12(b)所示,金刚刀尖应高于工具的回转中心,所垫量块值 H_2 为:

$$H_2 = P + R$$

1-底盘　2-手轮　3-正弦分度盘　4-主轴　5-旋转螺杆　6-滑座　7-摆动支架　8-金刚刀
图 2-11　砂轮圆弧修整工具

(a)　　　　　　　　　　　　　　　　　　　　　(b)

1-量块　2-刀口平尺　3-金刚刀
图 2-12　修整圆弧砂轮

二、夹具磨削法

夹具磨削法,是将工件装在专用的夹具上,利用夹具使工件的被加工面处于所要求的空间位置上,或者使工件在加工过程中获得所需的进给运动,从而磨削出模具零件的成形表面。常用的成形磨削夹具有正弦精密平口钳、正弦磁力台、正弦分中夹具和万能夹具等。

1. 正弦精密平口钳

正弦精密平口钳,主要由带正弦尺的平口钳、底座、正弦圆柱等组成。如图 2-13 所示,将工件装夹在平口钳上,为使工件倾斜一定角度,在正弦圆柱 4 与底座 1 之间垫入适当尺寸的量块,利用此夹具所夹持的工件最大倾角为45°,所垫入的量块值 H 为:

$$H = L\sin\alpha$$

式中：H——应垫量块值，mm；

    L——两正弦圆柱的中心距，mm；

    α——工件所需倾斜的角度。

该夹具主要用于磨削斜面，若与成形砂轮配合使用，可磨削平面与圆柱面组成的复杂型面。

1-底座　2-精密平口钳　3-工件　4-正弦圆柱　5-量块

图 2-13　正弦精密平口钳

2. 正弦磁力台

正弦磁力台的结构原理和应用，与正弦精密平口钳基本相同。二者的差别仅仅在于前者用磁力来夹紧工件，如图 2-14 所示。正弦磁力台夹具所夹持的工件最大倾角为 $45°$，适合于扁平模具零件的磨削。它与正弦精密平口钳配合使用，可磨削平面与圆弧组成的形状复杂的成形表面。

1-电磁吸盘　2、6-正弦圆柱　3-量块　4-底盘　5-偏心锁紧器　7-挡块

图 2-14　正弦磁力台

3. 正弦分中夹具

正弦分中夹具主要用于磨削凸模、型芯等具有同一轴线的不同圆弧面、平面及等分槽等，如图 2-15 所示。正弦分中夹具主要由正弦分度头、后顶尖支架 2 与底座 1 三部分组成。工件 5 装在前顶尖 7 和后顶尖 4 之间，后顶尖装在支架上，安装工件时，根据工件的长短，调

节支架的位置,使支架在底座的 T 形槽中移动,调节好支架位置后,用螺钉锁紧,同时可以旋转后顶尖手轮 3,使后顶尖移动,以调节顶尖与工件的松紧。工件用鸡心夹头和前顶尖 7 联结,转动蜗杆 14 上的手轮,通过蜗杆、蜗轮 10 的传动,可使主轴 9、工件和装在主轴后端的分度盘 12 一起转动,实现工件圆周进给运动。安装在主轴后端的分度盘上有四个正弦圆柱 13,它们处于同一直径的圆周上,并将该圆周分为四等分。

1-底座　2-支架　3-手轮　4-后顶尖　5-工件　6-鸡心夹头　7-前顶尖　8-前顶座
9-主轴　10-蜗轮　11-零位指标　12-分度盘　13-正弦圆柱　14-蜗杆　15-量块垫板

图 2-15　正弦分中夹具

　　磨削时,如果工件回转角度的精度要求不高,其角度可直接利用分度盘上的刻度和分度指针读出;如果工件回转角度的精度要求较高,可在正弦圆柱和量块垫板 15 之间垫入适当尺寸的量块,控制工件回转角度的大小,此时应垫入的量块 H 为:

$$H = P - \sin\alpha \times D/2 - d/2$$

式中: H——应垫量块值,mm;

　　　P——夹具回转中心至量块垫平面的高度,mm;

　　　D——正弦圆柱中心所在圆的直径,mm;

　　　d——正弦圆柱直径,mm。

　　用正弦分中夹具磨削工件时,加工表面尺寸的测量一般采用比较法。如图 2-16 所示为测量调整器,它主要由三脚架 1 与量块座 2 组成。量块座能沿着三脚架斜面上的"T"型槽上下移动,达到适当位置时可用固定螺母 3 锁紧。为了保证测量精度,量块支承面 A、B 应与安装基面 D、C 保持平行。

　　在正弦分中夹具上磨削平面或圆弧面时,都以夹具的回转中心线为测量基准。因此,磨削前应首先调整好量块座的位置,使量块座支承面和夹具中心高之间有一定的关系。一般将量块支承面的位置调整到低于夹具回转中心线 50mm 处。调整时在夹具的两顶尖之间装上一根直径为 d 的标准圆柱,在量块座基准面上安放一组 $(50+d/2)$ 的量块,用百分表测量,调整量块座的位置,使量块上平面与标准圆柱面最高点等高后,将量块座固定,如图 2-17 所示,当工件的被测量表面位置高于(或低于)夹具回转中心线时,只要相应地变更量块组合即可。当工件的被测量表面比夹具回转中心线高 h 时,选用 $(50+h)$ 的量块组;反之,选用 $(50-h)$ 的量块组,再借助于百分表测量工件的被测表面,直到与量块上平面读数相同,表示工件已磨削到尺寸。

(a)   (b)

图 2-16　测量调整器

1-三脚架　2-量块座　3-固定螺母　4-螺钉

图 2-17　夹具中心高的确定

4.万能夹具

万能夹具是成形磨床的主要部件,是由正弦分中夹具发展起来的更为完善的成形夹具。万能夹具可以在平面磨床或万能工具磨床上使用,万能夹具结构如图 2-18 所示。

工件与转盘 1 相连,用手轮(图中未画出)转动蜗杆 11,通过蜗轮 8 带动主轴 7 和正弦分度盘 10 旋转,带动工件绕夹具中心旋转。分度部用来控制夹具的回转角度。正弦分度盘上有刻度,当工件的回转角要求不高时,可通过游标 9 直接读出回转角度的数值;当工件的回转角要求较高时,可利用在分度盘上四个正弦圆柱 12 和量块垫板 13 之间垫量块的方法来控制夹具回转角度,通过此方法,工件的回转精度可达 $10'' \sim 30''$。由中滑板 4 和小滑板 2 组成的十字滑板,与四个正弦圆柱的中心连线重合。旋转丝杆 5 和 6,可使工件在互相垂直的两个方向上移动。当工件移动到所需位置后,转动手柄 3 将小滑板锁紧。

1-转盘　2-小滑板　3-手柄　4-中滑板　5、6-丝杆　7-主轴　8-蜗轮　9-游标
10-正弦分度盘　11-蜗杆　12-正弦圆柱　13-量块垫板　14-夹具体　15-滑板座

图 2-18　万能夹具

5. 成形磨削工艺尺寸的换算

模具零件图上的尺寸通常是按设计基准标注的。在成形磨削中,采用的工艺基准和测量基准往往与设计基准不一致,必须将零件图上的设计尺寸换算成工艺尺寸,以便进行成形磨削。

在进行工艺尺寸换算时,首先应根据工件形状确定尽量少的回转中心(或测量中心)个数,否则会增加夹具的调整次数,从而增大加工误差。通常工件上有几个圆弧,就有几个回转中心(同心圆弧除外);其次应确定换算工艺尺寸的坐标系,实践中为便于换算,一般选择设计尺寸坐标系作为工艺尺寸坐标系,并选择主要回转中心(或测量中心)作为坐标轴的原点;再次磨削平面时,需换算出各平面对坐标轴的倾斜角度,为便于测量,还应换算平面与回转中心的垂直距离。

利用万能夹具进行成形磨削时,应换算以下各项工艺尺寸:

(1)各圆弧中心之间的坐标尺寸。

(2)各平面对坐标轴的倾斜角度。

(3)各平面到相应回转中心的垂直距离。

(4)各圆弧的包角,磨削圆弧时,若工件可自由回转,而不至于碰伤其相邻表面的,可不计算圆弧的包角。

工艺尺寸换算时,应将设计时的名义尺寸,一律换算成中间尺寸,以便保证计算精度。运算时采用几何、三角、代数等方法,一般数值均运算到小数点后六位,最终所得数值取小数点后二至三位,角度值应精确到 $10''$。

例 2.1　采用万能夹具成形磨削图 2-19(a)所示的凸模刃口轮廓。

工艺尺寸的换算:凸模上所有圆弧都可用回转法进行磨削,由于其形状对称,故只需对 $O、O_1、O_2、O_3$ 回转中心及有关尺寸进行换算。换算后的工艺尺寸如图 2-19(b)所示。

图 2-19　凸模刃口轮廓

2.2　坐标磨削

坐标磨削是将工件固定在磨床精密的工作台上,并使工作台移动或转动到坐标位置,在高速磨头的旋转与插补运动下进行磨削的一种精加工方法。它能够最大限度地消除工件热处理后的变形,从而提高加工精度。坐标磨削范围较大,可以加工直径小于 1mm 至直径达 200mm 的高精度孔。加工精度可达 5μm 左右,表面粗糙度可达 Ra 0.8~0.32μm,甚至可达 Ra 0.2μm。主要用于淬火的、高硬度的、规则或不规则的内孔与外形工件的加工,还可以磨出锥形和斜面等。

在模具零件的加工中,对于精度和硬度要求高的多孔、多型孔的模板或凹模的精加工,一种比较理想的方法就是坐标磨削。

1. 坐标磨削的种类

根据所用磨床不同,目前坐标磨削主要有两种:

(1)手动坐标磨削

是在手动坐标磨床上用点位进给法实现其对工件的内形或外形轮廓的加工。

(2)连续轨迹数控坐标磨削

是在数控坐标磨床上用计算机自动控制其对工件型面的加工。该磨削方法的加工效率较高,通常为手动坐标磨削的 2~10 倍;轮廓曲面连接处精度高,凸、凹模之间的配合间隙可达 2μm,而且间隙均匀。

2. 常用坐标磨床

模具零件的加工常用立式坐标磨床,其中最常用的是单柱坐标磨床,如图 2-20 所示。在纵、横工作台 6 上装有数显装置的精密坐标机构,立柱支承着主轴箱 12 和磨头 10 等构成的磨削机构。坐标磨床就是精密坐标定位机构与行星高速磨削机构的结合。磨头的高速自转由高频电动机驱动,转速 n 一般为 4000~80000r/min;主轴回转运动由电动机(或马达)通过变速机构直接驱动主轴旋转(n 一般为 10~300r/min),并使高速磨头随之作行星运动;主轴的上下往复运动由液动或液—气动完成,其行程由微动开关控制。

1-离合器拉杆　2-主轴箱定位手轮　3-主轴定位手轮　4-控制箱　5-纵向进给手轮
6-纵、横向工作台　7-床身　8-横向进给手轮　9-工作台　10-磨头
11-磨削轮廓刻度圈　12-主轴箱　13-砂轮外进给刻度盘

图 2-20　单柱坐标磨床外形

磨削直线时，主轴被锁住，并垂直于 X 或 Y 轴，通过精密丝杠来实现工作台的移动，使磨头沿加工表面在两切点之间移动。

磨削圆弧面时，让磨头主轴定位于被磨削圆弧面的中心上，借助于外进给刻度盘 13 移动磨头到预订尺寸，磨头在做旋转运动同时又做行星运动和轴向上下运动，如图 2-21 所示。

砂轮自转

往复运动

主轴回转

图 2-21　坐标磨床三个运动

此外,单柱坐标磨床还可磨削具有高精度位置的圆孔、锥孔、型腔及圆弧与圆弧相切的内外轮廓、键槽和方孔等。

3. 坐标磨床的基本磨削方法

在坐标磨床上进行坐标磨削加工的基本方法见表 2-1。

表 2-1 坐标磨削加工的基本方法

序号	类型	说明
1	内孔磨削	砂轮自传、行星运动和轴向的直线往复运动,通过扩大行星选择半径做径向进给,砂轮的直径多取为孔径的 3/4 左右。
2	外圆磨削	砂轮的自转、行星运动和主轴的轴向往复运动,利用行星运动直径的缩小来实现径向进给。
3	锥孔磨削	砂轮主轴在做轴向进给的同时,连续改变行星运动的半径,砂轮应修正出相应的锥顶角。一般不超过 12°。
4	直线磨削	砂轮仅自转而不作行星运动,工作台做直线运动。
5	端面磨削	砂轮底面修成 3° 左右的凹面。磨削台肩孔时,砂轮直径约为大孔半径与通孔半径之和;磨削盲孔时,砂轮直径约为孔径的一半。

将上述各种基本磨削方法进行综合运用,可以磨削一些形状复杂的型孔。例如图 2-22 所示凹模型孔,可在坐标磨床上这样进行磨削:首先将回转工作台固定在磨床工作台上,利用回转工作台装夹工件,并找正与工件的对称中心重合。磨削可按下列步骤进行。

(1)调整机床主轴轴线使之与孔 O_1 的轴线重合,用磨削内孔的方法磨出 O_1 的圆弧段。

(2)调整工作台使工件上的 O_2 与主轴中心重合,磨削 O_2 的圆弧到尺寸。

(3)利用回转工作台将工件回转 180°,磨削 O_3 的圆弧到尺寸。

(4)使 O_4 与机床主轴轴线重合,停止行星运动,通过控制磨头来回摆动,磨削 O_4 的凹圆弧,此时砂轮的径向进给方向与外圆磨削相同。

(5)利用同样的方法,依次磨出 O_5、O_6、O_7 的圆弧。

图 2-22 凹模型孔磨削

第 3 节　其他加工

在模具零件的加工中,除采用上述常用的加工方法之外,还经常会用到一些其他加工方法。

3.1　钻削加工

模具零件上的螺纹孔、螺栓过孔、销钉孔、推杆孔、型芯固定孔、冷却水道孔、加热器孔等,一般都要先经过钻削加工。钻削加工所用机床为普通钻床,所用刀具通常为标准麻花钻。关于钻削加工在机械加工的应用在相关课程中已有介绍,这里不再赘述。下面仅就模具零件的加工特点,简单介绍其常用的加工方法。

1.模具零件孔的制造特点

模具零件上的单个圆孔包括:一般孔、深孔、小孔及精密孔等。小孔孔径在 0.5mm 以上时可通过精钻达到相应要求。模具零件深孔主要有两类,一类为冷却水道孔和加热器孔,冷却水道孔的精度要求较低,但不宜偏斜,为保证加热器孔的热传导效率,其孔径与表面均有一定要求,如孔径一般要比加热棒大 0.1～0.3mm,表面粗糙度要求为 $Ra12.5～6.3\mu m$;另一类为推杆孔,推杆孔的要求较高,孔径一般需达到 IT8 级,并有垂直度及表面粗糙度要求。

2.常用加工方法

(1)在加工中、小型塑料模的冷却水孔和加热孔时,可用加长钻头在立式钻床或摇臂钻床上进行。

(2)对于中、大型模的深孔加工,从经济的角度考虑,可采用摇臂钻床或专用深孔钻床来完成。

(3)若孔较长且精度要求较低,可采用先画线后两面对钻的加工方法。

(4)对于有一定垂直度要求的孔,在加工时,一般应采取一定的工艺措施予以导向,如采用钻模等。

3.2　镗削加工

镗削的加工范围很广,根据工件的尺寸、形状、技术要求及生产批量的不同,镗削加工可在车床、铣床、镗床等机床上进行。在镗床上镗孔时,所用镗床主要为普通镗床和坐标镗床。

普通镗削主要适用于对孔径的精度和孔间距精度要求较低的孔的加工。

坐标镗削加工是在坐标镗床上,对高精度的孔径、孔系零件的加工。孔径加工精度可达 IT6～IT5,孔距精度可达 0.005～0.01mm,表面粗糙度可达 $Ra0.63～1.25\mu m$,甚至可达 $Ra0.4\mu m$。

一、坐标镗床简介

坐标镗床是利用精密的坐标测量装置来确定工作台、主轴的位移距离,以实现工件和刀具的精确定位。工作台和主轴的位移在毫米以上的值由粗读数标尺读出,通过带校正尺的精密丝杠坐标测量装置来控制,毫米以下的读数通过精密刻度尺光屏读数器坐标测量装置,在光屏读数头上读出,或利用光栅数字显示器坐标测量装置来控制精密位移。

坐标镗床主要用来加工孔间距精度要求高的模板类零件,如上、下模座的导柱导套孔等,也可加工复杂的型腔尺寸和角度,在多孔冲模、级进模及塑料成形模的制造中,坐标镗削得到了相当广泛的应用。坐标镗削不但加工精度高,而且节约了大量的辅助时间,因而具有显著的经济效益。坐标镗床按照布置形式不同,分为立式单柱、立式双柱和卧式等主要类型。

如图 2-23 所示为立式双柱坐标镗床的外形图,加工中的坐标变化通过主轴箱沿横梁导轨移动和工作台沿床身导轨移动来完成。该机床的主轴箱悬伸距离较小,且装在龙门框架上,因而具有很好的刚性,同时机床的床身与工作台较大且安装简单,因而可承受的负载也很大。

1-工作台 2-横梁 3、6-立柱 4-顶梁 5-主轴箱 7-主轴 8-床身

图 2-23　立式双柱坐标镗床

立式双柱镗床主要适用于凹模、钻模板、样板等零件上孔的加工。

二、坐标镗削加工

1.加工准备

(1)对工件预加工,获得符合要求的工艺基准及精度和表面粗糙度。

(2)更换零件图上原有的尺寸标注形式,为坐标标注形式。

(3)机床与工件需在恒温、恒湿的条件下保持较长时间。

2.工件装夹工件装夹的方法

(1)利用千分表或千分表中心校准器

如图 2-24 所示,把工件正确安装在工作台上,使互相垂直的两个基准面分别平行于工作台的纵向和横向,然后将专用工具压在工件基准面上,用装在主轴上的千分表测量专用工具内槽两侧面,移动工作台使两侧面的千分表读数相同,此时主轴中心已对准基准面。

专用工具

图 2-24　千分表中心校准器

（2）利用定位角铁和光学中心测定器

如图 2-25 所示，利用定位角铁 1 和光学中心测定器 2，使工件 4 的基面对准主轴的中心，根据孔的纵横坐标尺寸来移动工作台到加工位置。

1-定位角铁　2-光学中心测定器　3-目镜　4-工件

图 2-25　用定位角铁和光学中心测定器找正

3.加工坐标镗削加工一般过程

（1）利用机床主轴内安装的弹簧样冲器，安装夹中找正的坐标位置，通过工作台的移动，依次打出样冲孔。

（2）用中心钻按样冲点钻中心孔。

(3)坐标镗削加工。一般来说,直径大于 20mm 的孔应先在其他机床上钻预孔,直径小于 20mm 的孔可在坐标镗床上直接加工。

在坐标镗床上,还可进行钻孔和铰孔加工。加工前,先将钻头或铰刀固定在钻夹头上,再将钻夹头固定在坐标镗床的主轴锥孔内,即可进行相应的加工。在采用钻、镗加工方法加工孔时,钻孔后应选用刚性好及刃口锋利的镗刀,以较小的进给量作多次加工以达到精度要求。

常用的镗夹头如图 2-26 所示。镗孔时,将镗夹头的锥尾插入坐标镗床的主轴锥孔内。镗刀可作径向调整,以适应不同孔径的加工。

1-锥尾　2-调节螺钉　3-镗刀　4-刀尖　5-固定螺钉

图 2-26　镗夹头

第3章　塑料模具加工基础知识

塑料注射模具是采用注射成形方法生产塑料制品的必备工具。塑料注射模具的制造过程是指根据塑料制品零件的形状、尺寸要求,制造出结构合理、使用寿命长、精度较高、成本较低的能批量生产出合格产品的模具的过程。

第1节　塑料模具制造过程

塑料注射模具制造过程,反映了模具制造技术水平的高低,其衡量的标准如下:

(1)模具制造周期。模具的制造周期反映了模具设计,生产技术水平。在模具制造中应设法缩短模具制造周期,采用计算机辅助设计模具,以及数控机床加工技术,可以大大缩短模具的制造周期。

(2)模具使用寿命。提高模具的使用寿命是一项综合性技术问题。在模具制造过程中要保证模具的结构设计合理,制造工艺方法正确,以及热处理工艺合理等。这样才能保证模具有高的使用寿命。

(3)模具制造精度。模具的精度可分成两个方面:一方面是成形塑料制品所需的精度,即成形型腔、型芯等的精度;另一方面是模具本身所需的精度,如平行度、垂直度、定位及导向配合精度。模具的制造精度受到加工方法、加工设备自身精度的限制。

(4)模具制造成本。在保证模具质量的前提下,模具成本越低,表明模具技术水平越高。这就要求在制造模具时,合理地选择模具材料和加工方法,以便最大限度地降低模具造价。

(5)模具标准化程度。模具标准化是专业化生产的重要措施,也是系统解决提高劳动生产率,提高产品质量和改善劳动组织管理的重要措施。不断扩大模具标准化范围,组织专业化生产,是提高模具制造水平的重要途径。

塑料模具的制造过程包括下面一系列内容。

1.1　模具图样设计

模具图样设计是模具生产中最关键的工作,模具图样是模具制造的依据。模具图样设计包括以下内容:

(1)了解所要生产的制品。根据塑料制品图掌握制品的结构特点和制品的用途。不同用途的制品有不同的形状、尺寸公差以及不同的表面质量要求,是否能够通过塑料注射模具生产出合格的产品是首先要考虑的问题。其次,掌握塑料制品所用塑料的模塑特性,考虑会直接影响模具设计的特性,如塑料的收缩率、塑料的流动特性以及注射成形时所需的温度条件。

(2)了解所要生产制品的批量。制品生产的批量对模具的设计有很大的影响,根据制品的需求数量,可以确定模具的使用寿命,模具的型腔数目(或模具的套数)以及模具所需的自动化程度和模具的生产成本。对于大量需求的制品应尽可能采用多型腔模具,热流道模具和适于全自动生产的模具结构;对于需求量较少的制品,在满足制品质量要求的前提下应尽量减少模具成本。

(3)了解生产塑料制品所用设备。塑料注射模具要安装到塑料注射成形机上使用,因此注射机的模具安装尺寸、顶出位置、注射压力、合模力以及注射量都会影响到模具的尺寸和结构。另外,注射成形机的自动化程度也限制了模具的自动化程度,例如带有机械手的注射机就可以自动取出注射成形制品和浇注系统凝料,方便地完成自动化生产过程。

1.2 确定模具设计方案

在清楚了解了生产的塑料制品之后,即可以开始模具方案设计,其过程包括:

(1)设计前应确定的因素。设计前应确定的因素包括:所用塑料种类及成形收缩率;制品允许的公差范围和合适的脱模斜度;注射成形机参数;模具所采用的模腔数以及模具的生产成本等。

(2)确定模具的基本结构。根据已知的因素确定所设计模具的外形尺寸;选择合理的制品分型面;确定模具所应采用的浇注系统类型;确定塑料制品由模具中的推出方式以及模腔的基本组成。在确定模具的基本结构时还应考虑模腔是否采用侧向分型机构,是否采用组合模腔,模腔的冷却方式和模腔内气体的排出。

(3)确定模具中所使用的标准件。在模具设计中应尽可能多地选择标准件,包括:采用标准模架、模板;采用标准的导柱、导套、浇口套及推杆等。采用标准件可以提高模具制造精度,缩短模具生产周期,降低生产成本。

(4)确定模具中模腔的成形尺寸。根据塑件的基本尺寸,运用成形尺寸的计算公式,确定模具模腔各部分的成形尺寸。

(5)确定模具所使用的材料并进行必要的强度、刚度校核。根据强度、刚度校核公式可以对分型面、型腔、型芯、支承板等模具零件进行强度和刚度校核,以确保满足使用要求。

(6)完成模具图样的设计图纸。其中包括模具设计装配图和模具加工零件图。在确定模具设计方案时,为提高效率可以采用"类比"的方法,即将以前设计制造过类似制品的模具结构套用到新制品的模具结构上,这样可简化设计过程,特别适合于刚刚开始从事模具设计的技术人员。

1.3 制定模具加工工艺规程

工艺规程是按照模具设计图样,由工艺人员制定出整个模具或各个零部件制造的工艺过程。模具加工工艺规程通常采用卡片的形式送到生产部门。一般模具的生产以单件加工为主,工艺规程卡片是以加工工序为单位,简要说明模具或零部件的加工工序名称、加工内容、加工设备以及必要的说明,它是组织生产的依据。表 3-1 为模具型芯的加工工艺卡。

表 3-1 模具型芯加工工艺卡

零件名称	型芯	编号		031	件数	2
零件图						

工序号	工序名称	工序内容	加工地点	备 注
1	车	车外圆、端面	车床	
2	铣	铣头部、平面	铣床	
3	热处理	淬火、回火	真空热处理炉	58～60HRC
4	磨	磨外圆	外圆磨床	
5	钳	检验、装配		与型芯固定板研配

制定工艺规程的基本原则是保证以最低的成本和最高的效率来达到设计图样上的全部技术要求。所以在制定工艺规程时应满足：

(1)设计图样要求。即工艺规程应全面可靠和稳定地保证达到设计图样上所要求的尺寸精度、形状精度、位置精度、表面质量和其他技术要求。

(2)最低成本要求。所制定的工艺规程应在保证质量和完成生产任务的条件下，使生产成本降到最低，以降低模具的整体价格。

(3)生产时间要求。工艺规程要在保证质量的前提下，以较少的工时来完成加工过程，以提高生产率。

(4)生产安全要求。工艺规程要保证操作工人有良好的安全劳动条件。

1.4 组织模具零部件的生产

按照零部件的加工工艺卡片组织零部件的生产，一般可以采用机械加工、电加工、铸造、挤压等方法完成零部件的加工过程，制造出符合设计要求的零部件。

零部件的生产加工质量直接影响到整个模具的使用性能和寿命。在实际生产中，零件加工质量包括机械加工精度和机械加工表面质量两部分内容。机械加工精度指零部件经加工后的尺寸，几何形状及各表面相互位置等参数的实际值与设计图样规定的理想值之间相符合(或相近似)的程度，而它们之间不相符合(或差别)的程度则称为加工误差。加工精度在数值上通过加工误差的大小来表示，即精度越高，加工误差越小。机械加工表面质量是指零部件经加工后的表面粗糙度、表面硬度、表面缺陷等物理一机械性能。

在零部件加工中，由于种种因素的影响，零部件的加工质量必须允许有一定的变动范围(公差范围)，只要实际的加工误差在允许的公差范围之内，则该零部件就是合格的。

1.5 塑料注射模具装配与调试

按规定的技术要求,将加工合格的零部件,进行配合与连接,装配成符合模具设计图样装配图要求的模具。

塑料注射模具的装配过程也会影响模具的质量和模具的使用寿命。将装配好的模具固定在规定的注射成形机上进行试模(也可以在专门的试模机上试模)。在试模过程中,边试边调整、校正,直到生产出合格的塑料制品为止。

1.6 模具检验与包装

将试模合格的模具进行外观检验,打好标记,并将试出的合格的塑料制品随同模具进行包装,填好检验单及合格证,交付生产部门使用。

第2节 塑料模具成型系统加工

2.1 成型部位基本知识

型腔指成型塑件外表面的主要零件。通常结构有整体式、整体镶拼式、局部镶拼式、组合式。

一、分型面的确定

分型面是定模与动模的分界面。合理的分型面是使塑件能完好成型的先决条件。选择分型面应遵循以下几项基本原则:

(1)分型面应在塑件外形最大轮廓处。

(2)分型面的选择应有利塑件的顺利脱模。

(3)分型面的选择要便于模具的加工。

分型面的形式如图 3-1 所示。

图 3-1 分型面的形式

二、型腔的布局

(1)单型腔注射模。一次注射只能生产一件塑料产品的模具。

(2)多型腔注射模。一副模具一次注射能生产两件或两件以上的塑料产品的模具。单型腔、多型腔注射模的比较见表 3-2。

表 3-2　单型腔、多型腔注射模的比较

类型	优点	缺点	适用范围
单型腔注射模	塑件精度高;成型工艺参数易于控制;模具结构简单;模具制造成本低,周期短	塑料成型生产率低,塑件的成本高	塑件较大,精度要求较高或者小批量及试生产
多型腔注射模	塑料成型的生产率高,塑件的成本低	塑件精度低;成型工艺参数难以控制;模具结构复杂;模具制造成本高,周期长	大批量、长期生产的中小型塑件

三、多型腔的排列

设计多型腔的排列时应注意以下几点:

(1)尽可能采用平衡式排列,以便构成平衡式浇注系统,确保塑件质量的均一和稳定。

(2)型腔布置和浇口开设部位应力求对称,以防止模具承受偏载而产生溢料现象,如图 3-2 所示。

(a)不合理　　　　　　　　　　　(b)合理

图 3-2 型腔的布置力求对称

(3)尽量使型腔排列紧凑一些,以减小模具的外形尺寸。图 3-3(b)的布局优于图 3-3(a)的布局,图 3-3(b)的模板总面积小,可节省钢材,减轻模具质量。

(a)不合理　　　　　　　　　　　(b)合理

图 3-3 型腔的布置力求紧凑

(4)型腔的圆形排列所占的模板尺寸大,虽有利于浇注系统的平衡,但加工较麻烦,除圆形制品和一些高精度制品外,在一般情况下常用直线形和 H 形排列,从平衡的角度来看应尽量选择 H 形排列,图 3-4(b)、(c)的布局比图 3-4(a)要好。

(a)直线形

(b)圆复合形

(c)H复合形

图 3-4 一模十六腔的几种排列方案

2.2 成型部位加工工艺分析及加工

塑料注射模具的主要零件多采用结构钢制造,通常只需调质处理,其硬度一般不高,因此其加工工艺性较好。

现以图 3-5 塑料盒体的注射模具为例介绍塑料注射模具典型零件加工。塑料盒体的注射模具为单型腔注射模,采用直浇口进料,推杆推出制品。

1-定模座板 2-定位圈 3-浇口套 4-型芯 5-紧固螺钉 6-定模板 7-型芯固定板 8-支承板 9-固定螺钉
10-推杆 11-垫块 12-动模座板 13-推板 14-推板固定板 15-密封圈 16-隔水板 17-导柱 18-导套

图 3-5 塑料盒体注射模

一、型腔加工

型腔加工在模具的定模板上,如图 3-6 所示。其加工工艺过程见表 3-3。

图 3-6　型腔板

表 3-3　型腔加工工艺

序号	工序名称	工序说明
1	备料	将毛坯锻成平行六面体,保证各面有足够加工余量
2	钳工划线	画线以定模板基准角为基准,画各加工线位置。
3	铣削	粗铣粗铣出型腔形状,各加工面留余量。 精铣精铣型腔,达到制品要求的外形尺寸。
4	钻、铰孔	钻、铰孔钻、铰出浇口套安装孔。
5	抛光	抛光将型腔表面抛光,以满足制品表面质量要求。
6	钻孔	钻孔钻出定模板上面的冷却水孔。

二、型芯加工

型芯采用镶的方法安装于型芯固定板上,型芯的结构如图 3-7 所示,其加工工艺过程见表 3-4。

图 3-7　型芯

表 3-4　型芯加工工艺过程

序号	工序名称	工序说明
1	下料	根据型芯的外形尺寸下料。
2	粗加工	采用刨床或铣床粗加工六面体。
3	磨平面	将六面体磨平。
4	画线	在六面体上划出型芯的轮廓线。
5	精铣	精铣出型芯的外形。
6	钻孔	加工出推杆孔。 加工出型芯上的冷却水孔。
7	抛光	将成型表面抛光。
8	研配	钳工研配,将型芯装入型芯固定板。

三、型芯固定板加工

型芯固定板即动模板,它的作用是安装、固定型芯,如图 3-8 所示,其加工工艺过程见表 3-5。

表 3-5　型芯固定板加工工艺

序号	工序名称	工序说明
1	画线	以与定模板相同的基准角为基准,画出各加工线的位置。
2	粗铣	粗铣出安装固定槽,各面留加工余量。
3	精铣	精铣出安装固定槽。
5	研配	将安装固定槽与型芯研配,保证型芯的安装精度。

图 3-8　型芯固定板

第3节　浇注系统基础知识及加工

3.1　浇注系统基本知识

一、概述

浇注系统是指熔融塑料在模具中从接触注射机喷嘴开始到型腔为止的塑料流动通道。

它的作用是使塑料熔体平稳且有序地填充到型腔中,并在填充和凝固过程中把注射压力充分传递到各个部位,以获得组织紧密、外形清晰、尺寸稳定的塑件。设计良好的浇注系统可以减小流道所损耗的压力,以及熔料在流道被带走的热量。可见,浇注系统的设计十分重要,浇注系统的设计是否合理是注射成形和得到高质量塑料制品的关键。

浇注系统可分为普通浇注系统和无流道凝料浇注系统两类,无流道凝料浇注系统是注射模具发展的一个重要方向,代表了模具生产的新技术。

二、设计普通浇注系统时要考虑的主要因素

（1）适应塑料的成形工艺特性。在设计浇注系统时应综合考虑熔融塑料在浇注系统和型腔中的温度、压力和剪切速率等因素，以便在充模这一阶段能使熔融塑料以尽可能低的表观黏度和较快的速度充满整个型腔，而在保压这一阶段又能通过浇注系统使压力充分地传递到型腔的各个部位，同时还能通过浇口的适时凝固来控制补料时间，以获得外形清晰、尺寸稳定、质量较好的塑件。

（2）顺利排气。设计的浇注系统能使熔料通畅无阻塞地注射到型腔各部位，腔内空气由排气系统排出，否则制件会有气泡、熔接痕等缺陷。

（3）流程要短，尽量减少塑料熔体的热量及压力损失。浇注系统应能使熔融塑料通过时其热量及压力损失最小，以防止因过快的降温降压而影响塑件的成形质量。为此，浇注系统的流程应尽量短，尽量减少折弯，表面粗糙度 Ra 值应小。

（4）避免熔融塑料直冲细小型芯或嵌件。经浇口进入型腔的熔融塑料的速度和压力一般都较高，应避免其直冲型芯或镶件，以防止细小型芯和嵌件产生变形或移位。

（5）便于修整，不影响塑件的外观质量。设计浇注系统时要结合塑件的大小、形状及技术要求综合考虑，做到去除、修整浇口凝料方便，并且不影响塑件的美观和尺寸精度。

（6）防止塑件翘曲变形。当流程较长或需采用多浇口进料时，应考虑由于浇口收缩等原因引起塑件翘曲变形问题，采取必要的措施予以防止或消除。

（7）便于减少塑料耗量和减小模具尺寸。浇注系统的容积尽量小，以减少其占用的塑料量，从而减少回收料。同时浇注系统与型腔的布置应合理对称，以减小模具尺寸，节约模具材料。

3.2 浇注系统的组成与分析

普通浇注系统一般由主流道、分流道、浇口和冷料穴四个部分组成。如图3-9所示是卧式注射机常用的浇注系统，图3-10是直角式注射机常用的浇注系统。

1-主流道 2-分流道 3-浇口 4-冷料穴
图 3-9 卧式注射机模具的浇注系统

1-主流道 2-分流道 3-浇口 4-冷料穴
图 3-10 直角式注射机模具的浇注系统

一、主流道

它是指从注射机喷嘴与模具的接触部位起到分流道为止的一段流道。主流道与注射机喷嘴在同一轴心线上，是熔融塑料进入模具时最先经过的通道，熔体在主流道中不改变流动

方向。

卧式、立式注射机常选用的是标准浇口套,它们的主流道一般为圆锥形,如图 3-11 所示。

(a)I 形   (b)II形

图 3-11　标准浇口套的形式

使用时将固定在定模上的定位环压住浇口套大端台阶即可。浇口套与定模座板的配合一般按 H7/m6 过渡配合。

浇口套在发生温度变化时会产生交变变形,因此其固定台阶尺寸 D 不能太大。另外,为减小浇口套同模具之间的温差,固定圆柱直径 d 也尽可能小。浇口套的存在,会影响定模温度的均一性,使塑件产生外观痕迹、缩陷、变形等。

为了保证模具安装在注射机上后,其主流道与喷嘴对中,必须凭借定位零件来实现,通常采用定位圈定位。对于小型注射模具,直接利用浇口套的台肩作为模具的定位环,对于大中型模具,常常将模具的定位环与浇口套分开设计,见图 3-12。其中 D_0 是定位圈与注射机定位配合直径,设计时应按选用注射机的定位孔径接和考虑塑模的装拆方便进行确定。

1-定位环　2-定模垫板　3-浇口套　4-定模板
图 3-12　浇口套与定位环

直角式注射机模具的主流道一般为圆锥形,但截面形状一般为圆形、半圆形、梯形等,如图 3-13 所示。

(a)圆形

(b)半圆形

(c)梯形

图 3-13　主流道截面

二、分流道

它是指位于主流道与浇口之间的一段通道,是熔体由主流道进入型腔的过渡通道,能使塑料的流向得到改变,一般为圆形、半圆形。

分流道的布置一般按型腔排布的数量而定,型腔的排布要尽可能对称。多型腔注射模具中分流道的布置有平衡式和非平衡式两种,一般以平衡式布置为佳。

(1)平衡式布置就是各分流道的长度、截面形状和尺寸都是对称相同的。这种布置可以达到各型腔能均衡地进料,同时充满各型腔,如图 3-14 所示。在加工平衡布置的分流道时,应特别注意各对应部位尺寸的一致性,否则达不到均衡进料的目的。

(a)

(b)

(c)

图 3-14　平衡式布置的分流道示意图

(2)非平衡式布置的分流道如图 3-15 所示。由于各分流道长度不相同,为了达到各型腔同时均衡进料,必须将各浇口设计成不同的截面尺寸。但由于塑料的充模顺序与分流道的长短和截面尺寸等都有较大关系,要准确地计算各浇口尺寸比较复杂,需要经过多次试模和修整才能实现,故不适宜成形精度较高的塑件。

图 3-15　非平衡式布置的分流道示意图

(3)分流道设计及制造要点。设计分流道时,除了要正确选择分流道的截面形状和布置形式外,还应注意以下要点:

①分流道的截面尺寸视塑件的大小和壁厚、塑料品种、注射速率和分流道长度等因素而定,圆形截面分流道的直径可按表 3-6 选取,其中分流道长度短、塑件尺寸小时取较小值,否则取较大值,其他截面形状的分流道,其尺寸可根据与圆形截面分流道的比表面积相等的条件确定。分流道长度一般在 8~30mm,也可根据型腔数量和布置取得更长一些,但不宜小于 8mm,否则会给修剪带来困难。

表 3-6　常用塑料的分流道直径

塑料名称或代号	分流道直径/mm	塑料名称或代号	分流道直径/mm
ABS,AS	4.8~9.5	PP	4.8~8.5
POM	3.2~9.5	PE	1.6~9.5
丙烯酸类	8.0~9.5	PPO	6.4~9.5
PA	1.6~9.5	PS	3.2~9.5
PC	4.8~9.5	PVC	3.2~9.5

②分流道的表面不必很光滑,其表面粗糙度 Ra 值一般为 $1.6\mu m$ 即可,这样流道内料流的外层流速较低,容易冷却而形成固定表皮层,有利于流道的保温。

③分流道与浇口的连接处应光滑过渡,以利于熔体的流动及填充,分流道与浇口连接处的形状如图 3-16 所示。

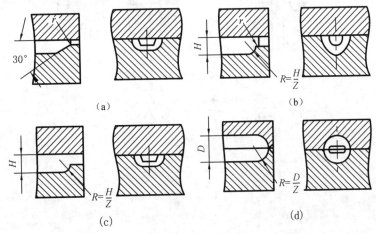

图 3-16　分流道与浇口的过渡连接

④在考虑型腔与分流道布置时,最好使塑件和流道在分型面上总的几何中心与锁模力的中心相重合,不仅能可靠锁模,而且还可以防止发生溢料现象。

⑤当分流道较长时,其末端应设置冷料穴,以防止冷料头堵塞浇口或进入型腔而影响塑件的质量。

三、浇口

它又称进料口,是分流道与型腔之间的狭窄部分,是浇注系统中最短小的部分。这一狭窄短小的浇口能使分流道输送来的熔融塑料产生加速,提高喷射力,形成理想的流动状态而充满型腔,同时还起着封闭型腔防止塑料倒流的作用,并在成形后便于使浇注系统凝料与塑件分离。截面形状一般为半圆形、圆形、梯形等,如图3-16所示。

浇口的位置、数量、形状、尺寸等是否合适,直接影响到制件产品的外观、尺寸精度和生产效率。

浇口尺寸的大小要根据产品的重量、塑料材料特性及浇口的形状来决定。在不影响产品性能及成形效率的前提下,浇口应尽量缩短其长度、深度、宽度。但浇口截面尺寸不能过小,过小的浇口压力损失大、冷凝快、补缩难,会使塑件表面出现凹凸不平;同样,浇口截面尺寸也不能过大,过大的浇口注射速率低、温度下降快,塑件可能产生熔接痕等缺陷。

一般浇口的尺寸很难用理论公式计算,通常根据经验取下限,然后在试模中逐步加以修正。一般浇口的截面面积约为分流道截面面积的3%～9%,截面形状常为梯形、半圆形或圆形,浇口长度为0.7～2mm,表面粗糙度Ra值不高于0.4μm。

四、冷料穴

它是指直接对着主流道的孔或槽。其作用是储藏注射间隔期间产生的冷料头,以防止冷料进入型腔而影响塑件质量,或防止堵塞浇口而影响注射成形。当分流道较长时,其末端也应开设冷料穴。但并不是所有浇注系统都具有上述各组成部分,例如无流道凝料浇注系统。

根据拉料方式的不同,冷料穴一般有带钩形拉杆的冷料穴、带球头拉料杆的冷料穴等,如图3-17所示。

(a)带钩形拉料杆的冷料穴　　(b)带球头拉料杆的冷料穴

1-定模版　2-推件板　3-拉料杆　4-动模板

图3-17　常见冷料穴的形式

第 4 节　抽芯机构基础知识及加工

4.1　抽芯系统基本知识

侧向分型与抽芯注射模的装配图如图 3-18 所示。

侧向分型与抽芯注射模工作原理(以斜导柱注射模为例)。图 3-18 所示的塑件上侧有一通孔,下侧有一凸台。在模具上,将侧型芯镶入侧型芯滑块中成型上侧通孔,采用侧型腔滑块成型下侧凸台。斜导柱固定在定模部分,侧型芯滑块和侧型腔滑块安装在动模部分的导滑槽内。

图 3-18　侧向分型与抽芯注射模

开模时,塑件包紧在凸模上随动模部分一起向左移动,与塑件相连的主流道凝料从浇口套中脱出,与此同时,在斜导柱作用下,在侧型芯滑块和侧型腔滑块随动模后退的同时,侧型芯滑块和侧型腔滑块在推件板的导滑槽内分别向上和向下做侧向移动而脱离塑件,直至斜导柱与它们脱离,侧向抽芯与分型才结束。上侧型芯滑块的限位装置是挡块、限位螺杆、弹簧和螺母,下侧型腔滑块的限位装置是挡块。当斜导柱脱离滑块时,在压缩弹簧的作用下,侧型芯滑块紧靠在挡块上而定位,侧型腔滑块由于自身的重力定位于挡块上。动模继续向左移动,当推出机构工作时,推件推动推件板把塑件从凸模上脱下来。合模时,推件板靠推杆复位,侧滑块由斜导柱插入后驱动复位,同时在它们的外侧由楔紧块锁紧,以使其在注射塑料熔体时产生的成型压力的作用下不发生位移。

4.2 侧型芯机构滑块加工及工艺分析

滑块是完成侧面抽芯的一个重要零件,配合导滑槽使用,用斜导柱带动进行侧抽芯。

行位(滑块槽)是滑动横模,一般在制品侧面有凹凸形状时是使用分矩行(T 形槽)和燕尾形,使滑块带动成型芯平稳而准确地进行侧抽芯。

一、滑块和导滑槽的类型

滑块和导滑槽的组合类型如图 3-19 所示,滑块限位装置如图 3-20 所示。

图 3-19 滑块和导滑槽的组合类型

(a)挡板限位　(b)挡板限位　(c)挡板限位

(d)挡板限位　(e)挡板限位　(f)挡板限位

1-滑块　2-脱模板　3-挡块
图 3-20 滑块限位装置

二、滑块的加工

滑块的零件图如图 3-21 所示。

图 3-21 滑块

滑块的加工工艺见表 3-7。

表 3-7 滑块的加工工艺

工序号	工序名称	工序说明
1	备料	将毛坯锻成平行六面体,保证各面由足够加工余量
2	铣削加工	铣六面
3	钳工划线	
4	铣削加工	(1)铣滑导部,$Ra=0.8\mu m$ 及以上,表面留磨削余量 (2)铣斜面达设计要求
5	钳工加工	去毛刺、倒钝锐边
6	热处理	
7	磨削加工	磨滑块导滑面达设计要求
8	镗型芯固定孔	(1)将滑块装入滑槽内 (2)按型腔上侧:型芯孔的位置确定导滑块上型芯固定扣的位置尺寸 (3)按上述位置尺寸镗滑块上的型芯固定孔
9	镗斜导柱孔	(1)动模板、定模板组合,楔紧块将侧型芯滑块锁紧(在分型面上用 0.02mm 金属 片垫实) (2)将组合的动、定模板装在卧式镗床的工作台上 (3)按斜销孔的斜角旋转工作台,镗孔

三、楔紧块的加工

楔紧块的零件图如图 3-22 所示。

图 3-22　楔紧块

楔紧块的形式如图 3-23 所示。

图 3-23　楔紧块的形式

楔紧块的加工工艺见表 3-8。

表 3-8　楔紧块的加工工艺

工序号	工序名称	工序说明
1	备料	将毛坯锻成平行六面体,保证各面由足够的加工余量
2	钳工划线	
3	铣削	(1)铣各面。留磨削量 (2)铣斜面达到设计要求
4	钳工加工	钻孔,攻丝
5	热处理	
6	磨削加工	磨削斜面达到设计要求

第 5 节　推出复位系统基础知识及加工

5.1　推出及复位系统的工艺分析

一、推出、复位系统的构成及种类

在注射成形的每一个循环周期中,塑件都必须由模具型腔中脱出,模具中脱出塑件的机构称为推出机构,也称脱模机构。

以推杆推出机构为例,推出机构的推出过程如图 3-24 所示推出过程包括开模、推出、取件、闭模、推出复位等过程。

推出机构由以下几部分组成:推出机构(推杆、拉料杆、推杆固定板、限位钉)、导向零件(导柱、导套)、复位零件(复位杆)。推杆将塑件从型芯上推出,复位杆在闭模过程中使推杆复位,推杆固定板与推板连接和固定所有推杆和复位杆,传递推出力并使整个推出机构能协调运动。

1-定模座板　2,15-导套　3,14-导柱　4-凹模(型腔)　5-动模板　6-动模垫板

7-垫块　8-推杆固定板　10-动模座板　11-复位杆　12-限位钉

13-拉料杆　16-推杆　17-凸模(型芯)　18-定位圈　19-浇口套

图 3-24　推杆机构

根据推出机构的驱动方式不同,通常可分为以下几类:

(1)手动推出机构

在开模以后用人工操作推出结构来推出塑件。对一些不带孔的扁平塑件,由于工件和模具的黏附力不大,在模具结构上可不设计推出机构,而直接用手或钳子夹出塑件,这种推出机构推出动作平稳、对塑件无撞击、操作安全,脱模后制品不易变形,但工人劳动强度大、生产效率低,并且推出力受人力限制不可能很大,在大批量生产中不宜采用这种脱模方式。

手动推出机构多设在注射机不设顶出装置的定模一边,有时在复杂模具结构中为防止因操作秩序先后颠倒而损坏模具时,也用手动推出机构。

(2)机动推出机构

利用注射机的开模动作推出塑件。开模时塑件先随动模一起移动到一定位置时,推出机构被注射机上固定不动的顶杆顶住而不再随动模移动,动模继续移动时,推出机构便将塑件从动模型芯上推出。机动推出机构具有生产效率高、工人劳动强度低且推出力大等优点,是生产中广泛应用的一类推出机构。但机动推出机构对塑件会产生撞击,制件可能会变形。

(3)液压推出机构

它是在注射机上设置专用顶出油缸,当开模到一定距离后,通过油缸活塞驱动推出机构实现脱模。这种推出机构推出动作平稳,推出力可以控制,但需设置专用液压装置。

(4)气动推出机构

它是利用压缩空气,通过型腔里微小的顶出气孔或气阀将塑件吹出。气动推出的推出力也可控制,而且在塑件上不留顶出痕迹,但也需设置专门的气动装置。

二、设计推出机构时应考虑的因素

(1)结构可靠。推出机构应工作可靠、运动灵活、制造方便、配换容易,机构本身要具有足够的刚度和强度,足以克服脱模阻力。

(2)保证塑件不变形、不损坏。由于塑件收缩时包紧型芯,因此脱模力作用位置尽可能靠近型芯,同时脱模力应施于塑件刚度和强度最大的部位,如凸缘、加强筋等处,作用面积也尽可能大些。

(3)保证塑件外观良好。推出塑件的位置应尽量选在塑件内部或对塑件外观影响不大的部位,尤其在使用推杆退出时更要注意这个问题。

(4)尽量使塑件留在动模一边。因为利用注射机顶出装置来推出塑件时模具的推出机构较为简单。若因塑件机构形状的关系不便留在动模时,应考虑对塑件的形状进行修改或在模具机构上采取强制留模措施,实在不容易处理时才在定模上设置较为复杂的推出机构推出塑件。

三、简单脱模具机构介绍

塑件在顶出零件的作用下,通过一次顶出动作,就将塑件全部脱出。这种类型的脱模机构,也称为一次顶出机构。它是最常见的,也是应用最广的一种脱模具机构,一般有以下几种形式。

1.顶杆脱模机构(推杆脱模机构)

(1)顶杆机构的组成和动作原理

如图3-25所示,顶杆脱模机构是最典型的简单脱模机构,它结构简单,制造容易而且维修方便。它是由顶杆1、顶杆固定板2、顶杆垫板5、拉料杆6、调节支承钉8和复位杆7

等所组成的。顶杆、拉料杆,复位杆都装在顶杆固定板上,然后用螺钉将顶杆固定板和顶杆垫板连接固定成一个整体,当模具打开并达到一定距离后,注塑机上的机床顶杆将模具的顶出机构挡住,使其停止随动模一起移动,而动模部分还在继续移动,于是塑件连同浇注系统一起从动模中脱出合模时,复位杆首先与定模分型面相接触,使顶出机构与动模产生相反方向的相对移动,模具完全闭合会后,顶出机构便回复到了初始的位置(由调节支承钉保证最终停止位置)。

1-顶杆　2-顶杆固定板　3-推板导套　4-推板导柱　5-顶杆垫板
6-拉料杆　7-复位杆　8-调节支承钉
图 3-25　顶杆一次顶出机构

(2)复位装置

顶杆将塑件顶出后,必须返回其原始位置,才能合模进行下一次注塑成型。最常用方法是复位杆回程。这种方法经济,简单,回程动作稳定可靠,如图 3-26 所示就是常用复位杆的形式。

(a)带肩复位杆　　　　　(b)铆接复位杆

h_1 段为淬硬段　h_2 段为配合段

图 3-26　复位杆

其工作过程如图 3-25 所示,当开模时,顶杆一起向上顶出,这时复位也同时突出模具的表面;当注塑模闭合时,复位杆与定模分型面接触,注塑机继续闭合时,则迫使复位杆随同顶出机构一同返回原始位置。

有时,需要在模具闭合之前使顶杆复位,一般采用弹簧回程的办法。图 3-27 所示就是弹簧回程的顶出机构。当注塑成形后,注塑机的另一顶杆推动顶板 2,这时弹簧 5 受到压缩,同时顶杆 3 将塑件顶出。合模时,弹簧 5 在弹性回复力作用下回复到原有长度,将顶板 2 与顶杆 3 一同弹回原来的位置。

1-动模板 2-顶板 3-顶杆 4-拉杆 5-弹簧 6-动模垫板 7-定模板

图 3-27 弹簧回程的顶出机构

虽然弹簧回程经常被采用,但有时由于回程负荷的不均衡,不能准确可靠地使顶出装置复位。

（3）导向装置

对大型模具设置的顶杆数量较多或由于塑件顶出部位面积的限制,顶杆必须加工成细长形时,以及顶出机构受力不均衡时,顶出后,顶出板可能发生偏斜,造成顶杆弯曲或折断,此时应考虑设置导向装置,以保证顶出板移动时不发生偏斜。一般采用导柱、导套来实现导向,导柱与导向孔或导套的配合长度不应小于 10mm。

（4）顶杆的形式

在模具加工制造中,顶杆常采用标准件,顶杆材料多用 45 号钢,T8A 或 T10A,头部淬火,硬度应达到 40HRC 以上,表面粗糙度 $Ra0.63 \sim 1.25\mu m$。

（5）顶杆的固定方法

顶杆与固空孔间应留一定的间隙,装配时顶杆轴线可作少许移动,以保证顶杆与型芯固定板上的顶杆孔之间的同轴度。

顶杆与顶杆孔间为间隙配合,其配合间隙兼有排气作用,但不应大于所用塑料的排气间隙,以防漏料。顶杆端面因其已构成型腔的一部分应精细抛光。为了不影响塑件的装配和使用,顶杆端面应高出型腔表面 0.05mm。

为满足装配要求,模具上装插顶杆和复位杆的各孔在各板上有较严格的位置要求。一般可采用将各板重叠,用一次性钻铰的加工方法来达到。也可将各有关模板分别加工,用线切割或坐标镗床加工等来保证每个模板上孔系的相对位置精度。顶杆和复位杆在加工时应加长一些,在装配中通过配磨等确定最后长短。

2. 推管脱模

其常用于圆筒状塑件的推出,可提供均匀脱模力,且在塑件上不留任何推出痕迹,适用于一模多腔成形,但对于一些软质塑料塑件或薄壁深筒形塑件,不宜采用单一的推管推出,通常要和其他推出元件(如推杆等)同时采用才能达到理想的效果。推管脱模机构将型腔和型芯均设计在动模上,可保证制件孔与其外圆的同轴度。如图 3-28 所示是常见推管脱模的两种结构形式。

(a)　　　　　　　　(b)

图 3-28　推管脱模的结构

推管脱模要求推管内外表面都能顺利滑动。推管在推出位置与型芯应有 8~10mm 的配合长度,推管壁厚应在 1.5mm 以上。

3. 推板脱模

其在模具分型面处从壳体塑件的周边将塑件推出,推出力大且均匀。对侧壁脱模阻力较大的薄壁体制件,推出后外观上几乎不留痕迹。适宜成形透明塑件时的推出。

推板脱模机构不需要采用复位杆复位。一般推板由模具的导柱导向机构定位,以防止推板孔与型芯间的磨损和偏移,如图 3-29所示。这种结构推板与型芯之间要有高精度的间隙,均匀的动配合,既使推板灵活脱模和回复,又不能有塑料熔体溢料,最大单向间隙应限制在 0.05mm 以下。推板脱模的分型面应尽可能为简单无曲折的平面。

1-推板　2-顶杆

图 3-29　推板脱模机构

四、二级脱模机构

一级脱模机构是在脱模机构顶推运动中一次将塑件脱出的,这些塑件因为形状简单,仅仅是从型芯上脱下或仅从型腔脱出。对于形状复杂的塑件,因模具分型面结构复杂,塑件被顶推的半模部分既有型芯,又有型腔一部分,必须将塑件既从被包紧的型芯上,又从被黏附的型腔中脱出。脱模阻力比较大,若由一次动作完成,势必造成塑件变形、损坏,或者在一次顶出动作后,仍然不能从模具内取下或脱落。对于这种情况,模具机构中必须设置两套脱模机构,在一个完整的脱模行程中,使两套机构分阶段工作,分别完成相应的顶推塑件的动作,以便达到分散总的模阻力和顺利脱件的目的。

1-动模座　2-推杆　3-压缩弹簧　4-滑块　5-限位销　6-斜楔
7-凹模型腔板　8-型腔　9-顶杆　10-复位杆　11-顶杆固定板　12-顶杆底板

图 3-30　斜楔滑块式单顶板二级顶出模机构

图 3-30 所示为带有斜楔结构的二级顶出模机构。开模一定距离后,注塑机的推顶装置通过顶杆底板 12 同时驱动顶杆 9 和凹模型腔板 7 移动,使制品与型芯 8 脱离,实现第一次

顶出动作,在这次顶出中。斜楔 6 推动滑块 4 向模具中心移动。但由于此时滑块 4 与推杆 2 还存在平面接触,推杆 2 保持与顶杆 9 和凹模型腔板 7 作同步运动。一旦一次顶出结束,推杆 2 会坠落在滑块 4 的圆孔中,这样凹模型腔板 7 便停止运动。而顶杆 9 在继续运动,直到把制品从凹模型腔板中脱出,实现第二次顶出。

5.2　推出复位系统的孔加工

一、加工设备

1. 坐标镗床机构

坐标镗床是高精度机床的一种,其可分为单柱式坐标镗床、双柱式坐标镗床和卧式坐标镗床。

(1)单柱式坐标镗床。主轴带动刀具作旋转主运动,主轴套筒沿轴向作进给运动。特点:结构简单,操作方便,特别适宜加工板状零件的精密孔,但它的刚性较差,所以这种结构只适用于中小型坐标镗床。

(2)双柱式坐标镗床。主轴上安装刀具做主运动,工件安装在工作台上随工作台沿床身导轨作从向直线移动。它的刚性较好,目前大型坐标镗床都采用这种机构。双柱式坐标镗床的主参数为工作台面宽度。

(3)卧式坐标镗床。工作台能在水平面内做旋转运动,进给运动可以由工作台纵向移动或主轴轴向移动来实现。它的加工精度较高。

坐标镗床是一种高精度孔加工的精密机床,主要用于加工零件各面上有精确孔距要求的孔。所加工的孔不仅具有很高的尺寸精度和几何精度,而且有极高的孔距精度。孔的尺寸精度可达 IT6、IT7,表面粗糙度取决于加工方法,一般可达 $Ra0.8\mu m$,孔距精度可达 $0.005\sim0.01mm$。

在模具零件加工中常用立式坐标镗床,包括单柱和双柱坐标镗床,图 3-31 所示为双柱光学坐标镗床。

2. 坐标镗床在模具零件制造工艺中的应用

坐标镗床适宜加工多孔系、孔位置精度高,孔径精度较高的零件。

图 3-31　双柱光学坐标镗床

在机械制造中,坐标镗床一般常用于较大型箱体类零件上的孔加工。而在模具零件的制造中,一般常用于尺寸较大、孔之间位置精度要求较高的模具零件加工。

如模具上导柱导套的装配孔分别在定模板、动模板上,为了使模具在注塑成形过程中分合模定位准确,就要求模板上对应的孔之间位置要统一。在加工制造中使用坐标镗床进行加工,不仅能控制孔的位置精度,还能较方便地控制导柱孔和导套孔大小不一的尺寸要求。塑料模具成形制件的过程中,需用拉料杆拉出流道内的余料,用组合推杆推出包紧在型芯上的制件,然后用多根复位杆复位,这些推杆、复位杆、拉料杆在大型模具的制件脱模与复位过程中,数量均较多,而且都必须移动灵活,制造加工时除孔壁的粗糙度值要求较小外,孔与孔之间的位置精度就显得十分重要,使用坐标镗床进行加工,就使这些要求相对容易得到保证。

二、多孔系模具零件加工实例

零件图如图 3-32 所示。

图 3-32　模板零件

该模具零件上需要加工的内孔较多,孔径相对较大,相互之间的位置要求较高,可选择采用坐标镗床进行加工。其孔的制造加工工艺过程如下:

(1)备料。45 号钢,610×610×110mm 模板。

(2)铣削。粗铣六面,单边留 0.4mm 磨削余量,铣削时注意保证各面间垂直度。

(3)磨削。磨削六面,基准面之间的垂直度不大于 0.02mm,表面粗糙度 $Ra \leqslant 1.6 \mu m$。

(4)钳工。按图划线,划出各孔间的尺寸位置线,以供定位和找正时做参考用。

（5）钻孔。选择相应的钻头，在所划线位置钻底孔，镗削前的底孔直径应小于图样上孔径 2～5mm。

（6）坐标镗床加工。

①将模具零件放置在坐标镗床工作台上，用磁力表座固定百分表或千分表，按零件外侧基准面进行找正，使零件上两互相垂直的基准面与坐标镗床的 X、Y 轴平行，600mm 长度内平行度不大于 0.02mm。

②利用找正时的坐标值计算出模具零件的平面中心位置，并使镗床主轴（Z 轴）中心线与模具零件平面中心线同轴。此时的零件平面中心点即为工件坐标原点。

③按零件图样孔之间精度要求，以工件坐标系原点为基点，分别计算出各孔中心位置相对工件坐标原点的相对值，以供实际镗削时使用。

④镗中心位置 $\phi20$ 孔，正确选择刀杆和刀尖伸出长度，粗、精镗孔。粗加工中注意试切削、测量孔径、调整刀具，精加工采用标准浮动镗刀精镗内孔，加工孔至图样尺寸要求。

⑤根据第 3 步计算所得各孔中心坐标值，移动工作台，使待加工孔中心与 Z 轴中心一致，镗孔。

（7）检验。

（8）待继续加工。

三、推出、复位系统孔系的钳加工

尺寸较大的模具上推出、复位系统孔系的孔径大、深，用坐标镗床进行加工比较经济，中小型模具上推出、复位系统孔系的加工可采用数控铣削或加工中心来完成，而小型的塑料模具上的推出、复位系统的孔系加工，由于孔径较小、精度较高，如受设备条件限制，可用钳工配钻铰削的方法来保证，而且具有方便、灵活等特点。

加工实例

（1）将与推件杆、复位杆、拉料杆相组合配合的模具零件组合装夹成组件。

①将已加工好的型芯按要求装配于型芯固定板。

②将动模具型腔板、动模板、型芯固定板用导柱导套导向定位组装，动模支承板与型芯用螺钉、定位销紧固，装配成组件（图 3-33）。

图 3-33　装配组件（一）

③按图样要求在组件(一)上,分别划出各孔中心位置线,并进行检查、冲眼和夹紧定位。

④将固定板、顶杆固定板安装配要划线、钻孔、攻螺纹。

⑤将推杆件固定板置于组件(一)模具装配位置,用平行夹具夹牢成一体,形成组件(二)如图 3-34 所示。

(2)将组件(二)置于钻床工作台上,分别选用相应钻头钻孔 4×φ7.8、铰孔 4×φ8H7、配入标准复位杆,使组件(二)的装夹各模具零件的相对位置固定,减少钻削过程中的相对位移误差。

(3)在组件(二)所划在型芯表面的推件杆孔中心位置,逐一配钻 6×φ3.8孔,铰削 6×φ4H7孔(型芯上表面向下有效深度 8mm);钻 φ5.8、铰 φ6H7(型芯上表面向下有效深度 15mm)拉料杆孔。

(4)将组件(二)各模具零件拆开,按图样对各孔实际使用要求进行钻扩孔。

①型芯底部推件杆孔进行扩孔至 φ5,拉料杆孔扩孔至 φ7,其主要作用是减小推件杆、拉料杆工作状态时的摩擦。

②顶杆固定板底部钻扩推件杆、复位杆、顶料杆的沉头孔。

③动模支承板上的孔按图样要求加工,扩钻复位杆为 4×φ8.5,拉料杆孔为 φ6.5,推件杆孔为 6×φ5。

图 3-34 装配组件(二)

平行夹头
型芯
动模型腔板
动模板
导套
导柱
型芯固定板
动模支撑板
顶杆固定板

第 4 章　冲压模具加工基础知识

第 1 节　冲裁模具零件的加工基础

1.1　工艺的制定

1. 制定冲压工艺的主要内容

制定冲压工艺时,先要分析制件的工艺性,即根据产品图纸认真分析制件能否用冲压加工的方法制造,产品结构是否都合理,需要对产品提出哪些修改意见。通常在分析制件的工艺性尚属合理以后,列出几种不同的冲压工艺方案(包括工序性质、工序数、工序顺序、工序合并等),进行综合分析、比较,然后确定适合具体生产条件的最经济的合理方案,并在最经济的原则下决定毛坯的形状、尺寸和下料方式,确定材料的消耗量。最后,根据制定的工艺方案和制件的形状特点、精度要求、生产批量,模具加工条件,操作习惯与安全性,以及现有设备的自动化装置等,确定冲模类型,选定设备的类型和压力大小。合理选用冲压设备时,应根据现有设备情况,同时要照顾到生产的平衡,并应能满足所要完成冲压工序的性质以及所需要的总变形力、变形功,且模具的闭合高度应在冲压设备的允许装模高度之内。

2. 工序性质的确定

冲孔或落料是使材料分离的常见工序,弯曲、拉伸、成形等是使材料变形的常见工序。冲压工序性质,就是根据制件的结构形状,按各种工序的变形性质和应用范围确定的。例如,平板件采用冲裁工序,弯曲件采用弯曲工序,空心筒形件采用拉伸工序,深度较大的无底筒形件可采用拉伸、冲孔、翻边等复合工序。应该指出,工序性质的确定常常受到具体条件的限制,因此在确定时要紧密结合生产和设备条件。

在一般情况下,工序性质可以直接从制件图予以确定,但有时要通过计算、分析才能准确地确定。如图 4-1 所示的制件,材料为 A3,从表面看似乎可以用落料、冲孔与翻边三道工序或冲孔、落料复合与翻边两道工序完成。但经过计算分析表明,由于翻边系数($K = d/D = 56/92 = 0.61$)小于极限值,该制件采用冲孔、翻边的工序达不到所要求的高度,因而应改用落料、拉

图 4-1　翻边件

伸、冲孔、翻边工序(图 4-2(b)),或落料、拉伸、整形、切底等工序。而图 4-2(a)所示制件因翻边高度小,所以可以采用落料冲孔复合与翻边两道工序完成。

图 4-2 翻边件的工序安排

3. 工序数的确定

在保证制件质量的前提下，按生产和经济的要求，工序数应尽量少些。工序数主要由制件的几何形状复杂程度、尺寸精度和材料性质决定。确定工序数时，对各种不同性质的工序，应遵守下列原则：

(1)冲裁形状简单的制件，一般只用单工序完成。冲裁形状复杂的制件，由于受到具结构和强度的限制，其内外轮廓应分成几个部分，需用多副模具或用级进模分段冲裁，因而其工序数由孔与孔之间距离、孔的位置和孔的数量来决定。

(2)弯曲件的工序数决定与弯角的多少、弯角相对位置和弯曲方向。

(3)拉伸件的工序数与制件材料性质、拉伸阶梯数、拉伸高度与直径的比值以及材料厚度与毛坯直径的比值等有关，一般都要经过计算才可确定。

(4)尺寸精度要求较高的冲裁件，一般可采用精冲。采用精冲有困难，可用普通冲裁，然后增加一道整修工序。此外，还有一些要求平整的板件，可在落料工序后增加一道校平工序。

4. 工序先后顺序的安排

冲压工序先后顺序的安排，主要根据工序性质、材料变形规律、制件形状特征、尺寸精度要求等决定。安排工序顺序时，要注意技术上的可能性，保证前后工序不相互影响，并应保证质量的稳定性和经济上的合理性。因此，确定工序顺序一般遵守如下原则：带有缺口或孔的平板形制件，使用简单冲模时，一般先落料后冲缺口和孔；用级进模冲，则应先冲切口和孔然后落料。成型件、弯曲件上的孔，只要在尺寸精度要求允许的情况下，应尽量在毛坯上先冲出孔(先冲出的孔可作后道工序定位用)。如果孔的形状位置要求很高，则应在成形、弯曲后再用冲模单独加工孔。在制件上同时存在两个直径不同的孔,且其位置又较近,应先冲大孔后冲小孔,以避免由于冲大孔时变形大而引起小孔变形。若孔在制件弯曲区内,必须先弯曲后冲孔,以避免弯曲时变形。对于多角弯曲件,如分几次弯曲时,应先弯外角,再弯内角。拉伸件上所有的孔,应在拉伸成形后再冲孔,以防拉伸时变形。拉伸复杂制件时,一般先拉伸内部形状,后拉伸外部形状。对于校正、整形、矫平等工序,一般在冲裁、弯曲和拉伸工序之后进行。

5. 工序的合并

制定冲压工艺方案时,当工序的性质、工序数和工序顺序确定之后,应充分考虑这些工序是否有合并的可能与必要,即各单工序能否组合在一起,采用复合模或级进模等冲压模具生产。

1.2　冲裁模具零件的加工基础

冲模制造应根据模具结构、模具材料、尺寸精度、形位精度、工作特性和使用寿命等各项要求,综合考虑各方面的特点,并充分发挥现有设备的一切特长,选取最佳加工方案,有效地制造出高质量的模具。由于模具设计要求千变万化,设备、操作水平和加工习惯差异甚多,因而模具制造工艺是灵活多变的。

国内模具制造在较长的时间里采用传统加工方法。其中,一部分属于模具的基本加工技术,应作为经验继续使用和促其发展;另一部分则将新的技术逐步取代。近年,新工艺新技术开始在模具制造技术中得到应用和推广,如无接触仿形装置、坐标磨削、三坐标测量以及 CAD、CAM 的多种技术等。这里仅简要介绍几项现代的制模技术和工艺。

先进的数控仿形铣床,可具有四种加工模式,即靠模加工模式、数控加工模式、数控靠模自动化水平,而且还提高了加工精度和速度。在线切割机床方面,不仅实现了数控,而且向高精度、自动化和多功能发展。线切割加工中心具备的特点有:自动定位、自动转换工具、自动穿丝、自动补偿和自动加工,并具有断丝复原的功能;操作者可与机器对话;设有遥控装置;长时间工作时能自动更换工作液;在无人管理的情况下进行精加工;利用带 $U-V$ 坐标的十字工作台实现可变锥角,工作高度为 66mm 时最大锥角可达 $\pm 30°$,且可以实现方圆转换(工件的底为方形而顶为圆形),甚至可以实现扭转。目前,不但采用模具加工中心,而且向模具自动加工系统方向发展。如一加工系统包括由计算机控制的六台加工设备,其中加工中心三台、高速三坐标数控铣床一台、数控线切割机床一台和坐标磨床一台。

冲模刃口的加工方法,已由传统的加工方法演变为数控线切割加工方法或线切割后坐标磨削的加工方法。对精度冲裁模,采用数控连续轨迹坐标磨床磨去电加工后的表面硬化层(线切割后留磨削余量 0.05mm),可进一步保证模具的质量和寿命。坐标磨床的精度一般在 X、Y 坐标任意 30mm 长度以内为 $0.8\mu m$,能够磨削的最小孔径为 0.5mm。

近年来检测技术和精密计量技术也有很大发展。如光学投影仪用放大图,以前由人工绘制,现在可由计算机绘制;检测圆度误差以前用千分尺量椭圆度,现在可用圆度仪。而三坐标测量机可以完成型孔或三维的各种复杂型面的测量。在模具装配方面,可用模具装配机进行安装、修配、钻孔、攻丝等项工作,对小型模具还可以再装配机上进行试冲。

随着模具材料的发展,硬质合金、钢结硬质合金、粉末高速钢等的应用逐渐增多,这些都给热处理和磨削加工等带来一些新的困难,要求在工艺上有所突破。另外,在模具选材方面还在不断创新,如国外模具中有一种导套采用玻璃钢制造,将其在润滑剂中浸后使用,有良好的润滑效果。还有的用耐磨铸铁制造模座,从而不再需要安装导套。而从西德引进的多工位模具中,其卸料板型孔使用高强度、高硬度的环氧树脂,在卸料板上加工型孔时,每面只需留出约 0.3mm 的间隙,组装时将所有凸模插入凹模,四周加垫以保持间隙均匀、垂直,在凸模与卸料板配合的一段长度上涂以阻胶剂(亦称脱模剂),避免被环氧树脂粘住,注入环氧树脂后凸模与凹模即可脱离。这种方法加工方便,导向性好,耐磨性亦可满足使用要求,浇注 24 小时后就可试冲模具。

模具结构的发展,也推动着制模工艺的开展。如滚动导向机构已在精密模架中广泛使用;高速冲床的发展进一步提高了多工位模具的技术难度;各类组合冲模、调整式冲模多数都由极其精密的元件组成;精冲冲模在模具的精密程度和复杂程度上有更多的要求;各种简易冲模,如锌合金模具、聚氨酯橡胶模具、环氧树脂模具等广泛使用各种非金属或轻合金材料制造。这些都会给模具制造工艺带来新的课题。

近年来,模具的延寿已成为共同关心的问题,并已从许多方面取得了成果,实例很多。如化学气相沉积法(简称 CVD 法),在 Cr12、Cr12MoV、9SiCr 模具上涂复 3~10μm 的 TiN 薄层,可以提高模具的使用寿命 1~20 倍。由于 TiN 与模具结合牢固、硬度高(几乎是硬质合金的二倍)、摩擦系数小、耐氧化、耐腐蚀、不粘膜,因此可广泛用于冲裁模、拉伸模、挤压模以及其他类型模具。

1.3 冲模制造的工艺与生产特点

一、冲模制造的工艺特点

一般说来,冲模是专用的工艺装备,专用冲模制造属于单件生产。尽管采取了一些措施,如模架标准化、毛坯专用化、零件商品化等,适当集中模具制造中的部分内容,使其带有批量生产的特点,但对整个模具的制造过程,尤其对工作零件的制造过程仍然属于单件生产。有关单件生产的特点有以下几个方面:

(1)不用或少用专用工具加工,尽量采用万能的加工方法。这就要求操作者能熟练地使用各种机床的各种附件。算料和下料时要按照单件生产的特点留出必要的夹头,有时也可用两个零件互为夹头,而有时则需加大某一尺寸,以便加工工艺基准面或镗出工艺基准孔。

(2)为了缩短模具制造周期,除制造少数必不可少的专用量具(如型面样板)外,一般尽可能用通用的方法检测,这就要求操作者和检验人员熟悉各种通用量具和量仪,熟练掌握绝对测量法和提高模具质量。

(3)单件生产较批量生产的工序集中,从而可以减少工序间周转、简化管理,并便于将同一工种的任务相对固定分配给一人完成,或采取钳工负责的管理方式,有利于加快制造进度和提高模具质量。

(4)不宜采用互换性生产或分组装配的方法,而是采用配制配合。某些模具零件的基本尺寸允许稍大或稍小一点,但有配合关系的孔或轴必须保证规定的配合公差,以保证允许的间隙或过盈的变动量,这样既保证模具质量,又可避免不必要的零件报废。

有的冲压件的形状极为复杂,而模具作为实现这些复杂形状的工具,就必然具有复杂的型孔和型面。如冲裁模的工作零件,不但要符合被加工零件的图形,而且要按其原有尺寸公差合理压缩,以订出模具工作件的制造公差;弯曲模的凸模、凹模,不但要符合其弯成的形状,而且要考虑修正材料弯曲后的回弹量,尤其对复杂的形状的零件的回弹修正,不但在设计时还要在试模中反复修正,直至压出合格的零件;拉伸模凸模、凹模的圆角大小以及圆滑过渡的状况,不但影响拉伸模具的成败,而且可以导致工序的增减。所有这些都显示出,加工模具工作件的复杂型孔和型面是模具制造过程中的重要环节。

为了保证冲压件的精度,模具的寿命以及模具的工作的可靠性,对模具零件的尺寸精度、形位精度和表面粗糙度都须有较高的要求。以模具工作零件的精度与相应的冲压件精度相比较,在冲裁模和弯曲模中,尺寸公差提高 1~3 级,形位公差提高 1~2 级,表面粗糙度 $Ra=0.8\sim0.4\mu m$。在拉伸模中,尺寸公差和形位提高 1~2 级,表面粗糙度 $Ra=0.20\sim0.10\mu m$。多孔(槽)复合模的位置精度和多工位模具的位置精度更有严格的要求,很多非工作件也具有较高的尺寸或形位精度要求。如导柱外圆的公差带代号为 $h5\sim h6$,圆柱度公差为 $0.003\sim0.006mm$,表面粗糙度 $Ra=0.10\sim0.05\mu m$;导套孔的公差带代号为 $H6\sim H7$,圆柱度公差为 $0.003\sim0.006mm$,用于滑动导向的粗糙度,$Ra=0.20\mu m$,用于滚动导向的粗糙度 $Ra=0.05\mu m$。上述大部分都需要用成形磨削、坐标磨削、手工研磨、机械研磨及珩磨加工的方法达到要求。

在冲裁加工中,冲孔的尺寸取决于凸模的实际尺寸,落料的尺寸取决于凹模的实际尺寸。随着凸模的磨损,冲孔尺寸会逐渐减小;而随着凹模的磨损,落料尺寸会逐渐加大。鉴于以上原因,制造模具时,对凸、凹模多采用配合加工的形式,以保证任何复杂的型面上保持均匀的间隙,且能获得正确的落料或冲孔尺寸。配合加工时,落料凹模按图纸公差的中下差加工,其凸模按凹模完工后的实际尺寸配做,保持间隙要求;冲孔凸模按图纸公差的中上差加工,凹模按凸模完工后的实际尺寸配做,保持间隙要求。但有时为避免热处理变形而破坏配合尺寸,只能本着先难后易的原则颠倒加工顺序。如落料冲孔复合模中,凸凹模热处理时最容易变形,为了避免成套报废,就先加工凸凹模,然后配做凹模及凸模。此时,应将凸模和凹模的尺寸逐一换算至凸凹模上,而模具制造公差带的实际位置应保持不变。如果采用数控线切割机,则可对淬硬的工件直接进行精加工,免除复杂的换算。

二、冲模制造的生产特点

冲模的应用很普遍,许多工厂企业都设有模具制造车间,此外,还有专业生产模具的工厂,他们专门为社会提供服务。对于非专业厂的模具车间,其生产一般是不固定的,设备的利用率也不高。为了尽可能缩短模具制造周期,可开展包括设计、工艺和出图形式的标准化工作。在设计标准方面,主要是模具结构的形式和规格要适合本企业产品零件的特点,以达到提高设计工作质量和缩短设计周期的目的。工艺标准化则是在设计标准化的基础上,将各类模具的零件的工艺路线和工艺方法规范化,使用时只要填写主要尺寸公差值等即可迅速发到生产现场。这样做一方面可以防止在编制工艺文件过程中产生不必要的差错并尽可能缩短编制工艺规程的周期,另一方面还有利于工时定额的标准化,为提高模具的生产管理水平创造了有利的条件。本部门或本企业内部对模具出图形式的规定标准化,一般有一张代替装配图的模具说明图和若干张工作零件图。在模具说明图中画出工作件的装配位置,其他零件只用双点划线示意,并在图纸一角画出制件的排样图等工序图。但实行出图形式标准化要具有模具标准件和标准毛坯的技术储备,否则就体现不出其优越性。

具有一定规模的专业模具厂与一般工厂企业的模具车间相比,其优越性有:设备利用率高,生产相对均衡;有利于集中技术优势,便于攻克难关,有利于实现标准化和质量管理;部分零件转变为批生产,有利于提高模具质量并可降低成本;有利于实现模具产品商品化,增强市场竞争能力;有利于先进技术的推广,便于开展模具的科学研究,培养模具专业的骨干力量。

随着工业改革的深入发展,模具专业生产行业也必然会发生深刻变化。尤其在实现分工专业化和标准件商品化的基础上,模具制造将实现精加工设备 CNC(计算机数控)化,并配备数显装置。CNC 机床加工的最大特点在于精度的再现性极佳,从而可使模具的制造主要由设备来保证,以减少对人工技巧的依赖性。对冲模刃口的加工方法,也将由成形磨削方法为主演变为线切割加工方法以及线切割后坐标磨削的方法。此外,计算机辅助设计(CAD)和计算机辅助制造(CAM)的应用也将得到发展。CAD 是指利用计算机帮助设计者确定方案,在计算机系统上绘图,并对绘图的结构进行分析计算,对关键结构参数进行优化,设计者可以任意调用已存入数据库中的标准零件供设计使用。计算机系统不仅能完成装配图和零件图的设计,还可以给出零件和材料清单,甚至报价单。CAM 是指利用计算机编制数控机床程序,用程序在数控机床上进行加工,并可利用程序在数控测量机上对工件进行测量。

三、冲模的生产流程

冲模的生产流程与设备状况、人员配置及其业务水平等多种因素有关,一般标准规模工厂冲模生产全过程的流程图如 4-3 所示。

图 4-3 冲模生产流程图

1.4 凸凹模的电加工方案与加工

一、电火花加工

1.电火花加工原理、特点及应用

电火花加工原理、特点及应用详见第一章2.4节。

2.电火花成型加工机床

电火花加工机床一般有脉冲电源、自动控制系统和机床本体以及工作液循环过滤系统组成。机床本体包括床身、立柱、主轴头、工作台、工作液槽等。图4-4为电火花成型加工机床。

电火花放电加工过程一般在液体介质中进行,放电蚀除物一部分以气态形式抛出,其余大部分球状固体微粒分散悬浮在工作液中。随着放电加工的进行,电蚀产物越来越多,从而会容易引起二次放电现象,破坏加工的稳定性,影响加工的速度、精度及表面粗糙度。工作液通过循环过滤,一方面可排出电蚀产物,另一方面也可排出放电过程中的大量热量,从而使工作液始终保持清洁和良好的绝缘性能。

图4-4 电火花成型加工机床

3.电火花加工用电极

电火花加工的工具电极要求为导电材料,并具有良好的电加工性能,以达到损耗小、加工效率高、加工稳定性好的目的。常用的电极材料有铸铁、钢、铜和钨合金等。铸铁的放电加工较稳定、加工效率较高、价廉、机械加工性能好、与凸模粘接在一起成型磨削方便,而缺点是加工表面粗糙度较差、易有砂眼、易积聚电蚀产物、易拉弧烧伤工件表面,故可用于穿孔加工。钢(如Cr12、T10等)材料在放电加工过程的损耗低于铸铁,易得到加工清角,适于钢加工,且机械加工性能也较好,精度易保证,加工表面光洁。纯铜具有良好的电加工性能、损耗低,适于加工贯通模和型腔模,若采用细管电极可加工小孔,也可用电铸法作电极加工复杂的三维形状。铜钨、银钨合金具有良好的机械加工和电加工性能,是精密模具加工较理想的电极材料,缺点是成本较高,材料来源不广泛。

设计电极时,应先了解所用机床的特性,其中包括主轴承载能力、工作台尺寸及承重大小、脉冲电源各加工规准的工艺指标及加工参数、电极损耗、加工间隙、加工锥度、加工表面粗糙度等。然后,根据工作型孔尺寸的精度要求、表面粗糙度、配合间隙等决定电极的结构形式、轮廓尺寸及其精度、电极长度等。电极的结构形式有整体式、镶拼式、组合式三种类型,可根据模具类型、型孔尺寸、电极装夹形式和经济效果等选定。整体式电极是用得较多的结构形式,其制造简单,装夹方便,适用于落料模、级进模、复合模加工。对于体积较大和较重的电极,可在电极上开减轻孔,以减轻电极重量。

表 4-1 化学腐蚀液配方

种类 成分	1	2	3	4	5	6	7	8	9
硫酸				50%	17%	18%			
硝酸	100%	40%	14%	50%	17%	10	60ml	80ml	60ml
盐酸					17%	10%	8ml	30ml	30ml
磷酸						5%	2ml		30ml
氢氟酸			6%			2%			
水		60%	80%		49%	55%			
速度 (mm/min)	0.06	0.04	0.01	0.01	0.01	0.01~0.04	0.03~0.05	0.01~0.015	0.02~0.03
表面粗糙度 (μm)	$Ra=1.6$	$Ra=1.6$	$Ra=3.2$	$Ra=3.2$	$Ra=1.6$	$Ra=3.2$	$Ra=3.2$	$Ra=3.2$	
腐蚀对象	纯铜黄铜	纯铜	T8Cr12	纯铜黄铜	铸铁	Cr12	合金工具钢	合金工具钢	合金工具钢

腐蚀液配好后,不加热直接使用,常用化学腐蚀液的配方如表 4-1 所示。新配制液体腐蚀速度快,随着使用次数增加,腐蚀速度降低。天冷时,腐蚀液可以加热至 50℃～60℃ 使用。电板或工件的腐蚀要一次完成,避免反复多次,产生台阶或锥度。

镶拼式电极是将几块电极用电极托板固定成一整体,这种结构易得到"清角",精度也易保证。组合电极是将多个电极用电极固定板组合在一起,用于一次加工多孔落料模或级进模。组合电极常采用低熔点合金或环氧树脂黏结剂进行整体组合浇注,也可采用专用组合电极夹具进行组合装夹。这种方法有利于提高加工效率和模具制造精度。

电极长度取决于模具的结构形式、模板厚度(即加工深度)、电极材料、型孔的复杂程度、装夹形式、使用次数、电极制造工艺等一系列因素,图 4-5 为电极长度计算说明图,其估算公式如下:

图 4-5 电极长度计算说明图

$$L = KH + H_1 + H_2 + (0.4 \sim 0.8)(n-1)KH$$

式中:L 为所需电极的长度;H 为需电火花加工的厚度(刃口高度);H_1 为某些模板后部挖空时电极所需加长的部分;H_2 为某些较小电极端部不宜开连接螺纹孔,而必须用夹具夹持电极尾部时需增加的夹持部分长度,一般取 $10\sim20$mm;n 为一个电极使用的次数(一般情况下,每多用一次,电极需比原有效长度增加 $0.4\sim0.8$ 倍);K 为与电极材料、加工方式、型孔复杂程度等因素有关的系数,根据不同电极材料,按经验取纯铜为 $2\sim2.5$,石墨为 $1.7\sim2$. 铸铁为 $2.5\sim3$、钢为 $3\sim3.5$。

加工硬质合金时,由于电极损耗较大,电极应加长部分等于凹模加工深度。若采用凸模作电极,除电火花加工时所需长度外,还要加上加工后将切去的损耗部分。

电极的截面尺寸 d,应考虑电极轮廓要比预定型孔均匀缩小一个加工间隙值。即

$$d=D=-\delta_i$$

式中:D 为加工后型孔尺寸;δ_i 为单面加工间隙。

若按凸模尺寸和公差确定电极截面尺寸,则随凸、凹模配合间隙的不同可分为三种情况:配合间隙 δ_p 等于电火花加工间隙 δ_i 时,电极截面尺寸和凸模截面尺寸完全相同;$\delta_p>\delta_i$ 时,电极截面尺寸应大于凸模截面尺寸,即每边均匀放大一个数值,但形状相似;$\delta_p<\delta_i$ 时,电极截面尺寸应小于凸模截面尺寸,即每边均匀缩小一个数值,但形状相似。电极每边放大或缩小的数值 a_1 可按下式计算:

$$a_1=1/2(\delta_p-\delta_i)$$

式中 :δ_p 为凸、凹模双面配合间隙;δ_i 为单边加工间隙。

电极截面尺寸公差一般取凸凹模基本尺寸公差的 $1/2\sim1/3$。

为了充分发挥粗规准加工的高速度和电极损耗小的优点,使精加工余量降低到最小值,可采用阶梯电极。图 4-6 为阶梯电极示意图。阶梯电极阶梯部分缩小的单位尺寸 a 可按下式确定:

$$a=\delta_{ck}-\delta_{ik}+\varepsilon+A$$

式中:δ_{ck} 为粗加工时凹模上口加工间隙;δ_{jk} 为精加工时凹模伤口加工间隙;ε 为单面精加工余量,一般取 $0.02\sim0.03$mm;A 为安全系数,一般取 $0.02\sim0.03$mm。

图 4-6 阶梯电极示意图

阶梯电极阶梯高度尺寸按下式是确定:

$$b=h+cH \text{ 或 } b=(1.5\sim2)h$$

式中:b 为阶梯电极腐蚀的高度;h 为凹模刃口高度;H 为电极有效加工长度;c 为电极长度相对损耗,一般取 $20\%\sim30\%$刃口高度。

4.电火花加工工艺

电火花加工的工艺方法有直接配合法、间接配合法和修配凸模法等。其中,直接配合法是指直接用加长的钢凸模作为工具电极加工凹模,并将加工后的损耗部分切除或作凸模固定端用。采用这种方法当冲模要求的凸、凹模配合间隙 δ_p 等于电火花加工的加工间隙 δ_j 时,可直接以钢凸模作为工具电极进行放电加工,加工后的凹模尺寸,可保证其配合间隙的均匀性。若 $\delta_p<\delta_j$,则可采用多列配方的化学腐蚀发(简称酸蚀法),按 $\delta_j-\delta_p$ 的数值将钢电极均匀侵蚀缩小,加工后的凹模与未进行腐蚀的凸模的另一端配合,便可保证配合间隙的要求(应当指出,进行"酸蚀"时,应先用聚氯乙烯清漆涂覆凸模的刃口部分,将其保护起来,并经凉干或烘干后再进行酸蚀)。如果 $\delta_p>\delta_j$,可将钢电极刃口部分保护起来后,按 $\delta_p-\delta_j$、数值将电极部分镀铜或镀锌,然后用此部分打凹模,则未电镀部分与加工后的凹模可得到所要求的配合间隙。当在备有一定精度的平动头的电火花加工机床上加工时,则可用粗规准将

凹模穿透,然后再用平动头的旋转扩大间隙的方法,加工后即可达到所要求的配合间隙。

间接配合法是将凸模和电极黏结在一起,用成型磨削法同时磨出。电极材料一般选用铸铁,可提高加工速度,并能保证配合间隙的均匀性。但对于纯铜或石墨电极材料,则不宜同时磨出。此时可与直接法配合使用,以达到大(或小)配合间隙的要求。

修配凸模法是指电极与凸模分别用机械加工方法加工,但凸模留有加工余量,即一定的待修配量(一般是指凹模尺寸配凸模时所采用的工艺方法)。也就是电极尺寸是按凹模尺寸要求并考虑电火花加工间隙制作,按加工后的凹模实际尺寸修配凸模,并达到配合间隙的要求。

在电火花加工时,工件型孔部分要在淬火前加工预孔,并留有电火花加工余量,一般每边留 0.3～1mm,力求均匀。工件的螺纹孔、销钉孔也应在淬火前加工,然后进行热处理。工件淬火后须磨光上下平面。若需利用基准面找正,则要对角尺磨好基准面。磨后应检查有无淬火裂纹,并经去磁处理。此外,在电火花加工前要将电极和工件借助通用或专用工夹具及测量仪器进行装夹和校正定位。电极利用电极柄或电极夹具安装在机床主轴上,安装时先用直角尺找正电极相对于工件的垂直度,再用止动螺钉把夹具或电极柄顶紧。电极与工件的相互位置可先用目测,通过工作台纵横坐标的移动予以调整,然后接通脉冲电源弱规准,放电后打出浅印观察找正结果,最后利用量具、块规、卡尺等找正定位。采用组合电极加工时,其找正方法同单电极一样。

加工时,常选择粗、中、精三种规准。加工钢材料时,粗规准主要用于蚀除加工余量的大部分,一般脉冲宽度为 $20～60\mu s$,电极损耗在 10% 以下,表面粗糙度为 $Ra6.3\mu m$。由粗规准转为精规准时,须中规准加工 1～2mm,其脉冲宽度一般为 $6～20\mu s$。精规准主要实现各项技术指标,如配合间隙、刃口斜度、表面粗糙度等,脉冲宽度一般 $2～6\mu s$。冲模加工规准转换的程序是,先按选定的粗规准加工,当阶梯电极的台阶处进给到刃口部位时,经中规准过渡,再转为精规准加工。如果精规准选用两档,则依次转换,用末档修穿。在粗规准加工时,排屑容易,冲油压力应小些。转入精修时,加工深度增加,间隙小,排屑困难,冲油压力应逐渐增大。当电极快穿透工件时,冲油压力要适当减小。若要求加工斜度小、精度和表面粗糙度较好时,冲油应改为抽油方式。冲油压力一般为 $(0.98～9.8)\times 10^4 Pa$。一般间隙冲模加工规准转换参见表 4-2、表 4-3。

表 4-2　一般间隙冲模加工规律转换

参数 序号	高压脉宽 (μs)	低压脉宽 (μs)	停歇时间 (μs)	高压回路 峰值电流	低压回路 峰值电流	进给深度
1	20	60	60～100	5.4A	48A	1.2h
2	10	2	20～30	5.4A	48A	h
3	10	2	20～30	5.4A	24A	修穿
备注	\multicolumn{6}{l}{H——刃口高度;电极腐蚀两双边 0.7mm;腐蚀高度 1.2h;刃口 $Ra=1.6$;斜度 2°～4°;放电时间隙双边 0.04mm。}

表 4-3　一般间隙冲模加工规准转换(用微精加工修光)

参数 序号	高压脉宽 μs	低压脉宽 μs	停歇时间 μs	高压回路 峰值电流 (A)	低压回路 峰值电流 (A)	精微电容 μF	进给深度	备注
1	10	10	3040	5.4	48		1.5h	H——刃口高度:阶梯部分腐蚀量双边0.01mm 腐蚀高度为1.5h;刃口 Ra＝3.2 电火花间隙双边0.04mm;斜度3°～4°
2	10	2	2030	5.4	32		0.5h	
3	10	2	2030	5.4	11		0.5h	
4	10		20	5.4		0.05	0.5h	
5	5		20	5.4		0.03	1.5h	

表 4-4 所示是 JO_2 定子复式冲模加工实例的电参数。工件与电极均为 Cr12 钢,加工周长为 3460mm,刃口高度为 15mm,双边间隙为 0.055mm,表面粗糙度 $Ra＝1.6\mu m$,总加工时间为 13 小时。

表 4-4　JO_2 定冲模的电参数

参数 序号	高压电压	低压电压	高压脉宽	低压脉宽	高压电流	低压电流	脉冲间隔	加工深度	加工时间
粗加工	250	60	10.5	22	1.25	20	50	20	4.5
精加工	200	60	3.5	2	1～2	2	40	25	8.5

二、电火花线切割加工

1. 电火花线切割加工的原理与特点

电火花线切割加工的原理与特点详见第一章 2.4 节。

2. 电火花线切割加工机床

电火花线切割加工机床由机床本体、控制系统和脉冲电源、工作液循环系统组成。机床本体包括床身、走丝机构、丝架、坐标工作台。其中,床身是支承坐标工作台、走丝机构和丝架的基体,应具有一定的刚度和强度,并备有台面水平调整机构。走丝机构用来带动电极丝按一定线速度移动(走丝速度一般在 5～10m/s 范围内无级或有级可调或恒速运转),并将电极丝整齐排绕在丝筒或线盘上。丝架与走丝机构组成电极丝运动系统,它的主要用途是当电极丝按给定线速度运动时,对电极丝起支撑作用。坐标工作台主要由拖板、导轨、丝杆运动副、齿轮或蜗轮传动副等组成。

控制系统按控制方式可分为靠模仿型控制、光电跟踪控制以及目前被广泛应用的数字程序控制、计算机控制(CNC)与群控等。数字程序控制是根据工件的要求按一定的格式编排程序,通过穿孔机穿成带孔的纸带,由输入机构(光电式或电极头式)转变为专用计算机能够识别的电信号,并进行运算发出进给脉冲,以控制机床纵、横拖板的运动,完成对切割轨迹的控制。数控系统如 4-7 方框图所示,该系统一般是连续插补的开环系统,能够控制加工同一平面上由直线和圆弧组成的任何图形的工件。而计算机控制则是用带内存的多功能小型通用计算机,代替普通无内存的专用计算机进行各种控制。改变小型通用计算机的软件,可增加各种控制功能,如插补运算、间隙自动偏移、斜度控制、短路自动回退、数控纸带记忆、自动编程、多参数最佳控制以及多台线切割机床多种功能同时控制等。

图 4-7　数字程序控制系统方框图

计算机控制系统和机床如图 4-8 所示。

图 4-8　计算机控制系统方框图

3. 电火花线切割加工工艺及应用

用电极丝作为工具电极进行放电加工,如图 4-9 所示,电极丝半径 R 和加工间隙 δ_j 之和是电极丝中性运动的轨迹与该零件图线相差距离 f,即 $f = R + \delta_j$。如图 4-10 所示,加工凸模零件时电极丝中心轨迹应放大;加工凹模零件时,电极丝中心轨迹应缩小。此外,在加工工件的凹角处不能得到"清角",而是半径等于 f 的圆弧。对于形状复杂的精密冲模,在凸、凹模图纸上应注明拐角处的过渡圆弧半径 R'。加工凹角时,$R' \geqslant R + \delta_j$;加工凸角时,$R' = R - \Delta$($\Delta$ 为配合间隙)。

图 4-9　电极丝与工件放电位置关系

对采用线切割加工的工件表面粗糙度的要求,一般可较钳工修研法降低 0.5～1 级。这是因为在相同粗细程度的情况下,其耐用度比钳工加工的表面好。目前所能达到的表面粗糙度为 $Ra3.2\mu m$ 或略高,精度一般为 IT6 级(采用高精度线切割加工例外)。

图 4-10　电极丝与工件放电位置关系

加工前,应仔细检查机床的导轮 V 形槽和保持器,纵、横向拖板丝杆副间隙,尤其加工高精度工件前要认真检查与调整。对于工作液的选择,一般快速走丝加工时多数选用乳化液,其浓度为 10％左右;慢速走丝加工多数选用去离子水。工作液循环系统应保持通畅,并可调节喷流压力。电极丝应选用具有良好的耐蚀性和导电性,并有较高熔点和抗拉强度的材料。目前常用的电极丝有黄铜、钨钼合金、钼丝等,直径为 0.12～0.20mm。走丝机构要保证丝的排绕整齐并调整电极丝具有一定的张力。加工前要找正电极丝对工作台面(工件)的垂直度。

工件的加工基准和校正如图 4-11 所示,可以外形为校正和加工基准(图 4-11(a)),也可以外形为校正基准内孔为加工基准(图 4-11(b))。工件切割前,还应在不影响工件要求的位置加工穿丝孔(对淬火工件应在淬火前钻孔),一般穿丝孔直径为 2～10mm。如图 4-12 所示,切割凸模时可从 a 点切入,切割凹模时应在 b 点处钻穿丝孔。

(a)

(b)

(c)

图 4-11　工件的校正和加工基准

工件装夹的位置应有利于工件的找正。工件装夹的几种方式见图 4-13 所示,有悬臂支撑式(图 4-13(a))、两端支撑式(图 4-13(b))、桥式支撑式(图 4-13(c))、板式支撑式(图 4-13(d))。工件的找正由拉表法、划线法、固定几面靠定法。确定电极丝相对工件的基准面、基准线或基准孔的坐标位置,一般采用目视法、火花法、电阻法等。

电火花线切割加工机的指令输入有光电机输入、电极头输入、磁带机输入和键盘输入等几种方式,又以五单元标准纸带输入为多。其程序编制有手工编程和自动编程,五单元标准纸带(图 4-14)共有六排孔,中间一排小孔成为同步孔,记为 I_0,其余五排大孔分别记为 I_1、I_2、I_3、I_4、I_5。其编码规定是:用有孔和无孔分别表示二进制的"1"和"0";I_5为奇偶校验孔,I_1～I_5 总孔数应为偶数;I_1～I_5 全孔表示为

图 4-12　切凸凹模钻穿丝孔

废码(机器不接受废码,作为修改纸带使用)。3B 编码指令格式(BXBYBJGZ)每段加工程序之间可留出一段空带,作为区分程序段的标记,程序段最后穿孔停级符"D"(为奇数孔)作为停机码。"Φ"码为废码(即全孔码),仅在纸带穿孔出错而需修改时使用,输入后不起作用,其应用实例如图 4-15 所示。程序格式中的 B 为分隔符,用以区分开坐标值 X、Y 和计数长度 J 数码(均以 μm 为单位)。加工圆弧时,坐标原点去在圆心。X、Y 为圆弧起点坐标值;加工斜线时,坐标原点取在起点,X、Y 为线段终点坐标值。对于圆弧 X 或 Y 为 0 时,可以不写。对加工直线,平行于坐标轴时应取 X＝Y＝0,可以不写。对于控制长度 J,则应写足六位数,如 $J=$ 1970μm,应写为 $J=001970$。

(a) 悬臂支撑式　　　　　　(b) 两端支撑式

(c) 桥式支撑式　　　　　　(d) 板式支撑式

图 4-13　工件装夹方式

名称	数码										加工指令												输入指令		停机码	废码
记号	0	1	2	3	4	5	6	7	8	9	SR₁	SR₂	SR₃	SR₄	NR₁	NR₂	NR₃	NR₄	LR₁	LR₂	LR₃	LR₄	B	Gz	Gy	D	Ø

图 4-14　五单元标准纸带输入法

计数方向 G 选取的准则是以 X 轴 $\pm45°$ 为分界线。对于直线,以电极丝开始所在的位置为起点,电极丝所要达到直线的终点决定计数方向。如图 4-16 所示,终点坐标值 $|x| > |y|$ 时取 C_z,$|x| < |y|$ 时取 C_y,$|x| = |y|$ 时计数方向取 G_x 或 G_y。

759

图 4-15　Φ码应用实例图

7ø39

4-16　直线计数方向的选取

114

对于圆弧以电极丝开始所在位置为起点,由所要达到的圆弧终点决定计数方向。如图 4-17 所示,终点坐标值 $|x| > |y|$ 时取 C_y,$|x| < |y|$ 时取 C_x;$|x| = |y|$ 时有两种情况,即终点坐标位于第一、三象限时取 C_x,终点坐标位于第二、四象限时取 C_y。

计数方向确定后,计数长度 J 就等于该直线段计数方向的坐标轴上的投影,如图 4-18 所示 $|x| > |y|$ 时取 $J = X_p$,$|x| < |y|$ 时取 $J = X_p$。圆弧计数长度等于该圆弧段在方向坐标轴上度的总和,如图 4-19 所示。

图 4-17 圆弧计数方向的选取

图 4-18 直线段计数长度的计算

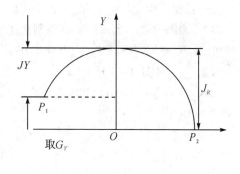

图 4-19 圆弧线段长度的计算

根据加工的线段是圆弧或是直线,规定加工指令 Z 共有十二种,如图 4-20 所示。

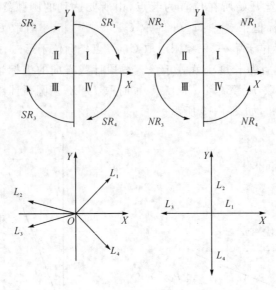

图 4-20

圆弧加工指令的确定,决定于圆弧起点在第几象限(包括起点在坐标轴上)和加工切割的方向。如果顺圆加工,起点分别位于第一、二、三、四象限内,则加工指令对应用 SR_1、SR_2、SR_3、SR_4 表示;若逆圆加工,起点分别位于第一、二、三、四象限内则加工指令对应用 NR_1、NR_2、NR_3、NR_4 表示。平行于坐标轴的线为直线,由于其所在坐标轴的不同位置,它和斜线一起在四个象限内的指令分别用 L_1、L_2、L_3、L_4 表示。

例 1 如图 4-21 所示工件 1,编制加工程序为:①~②B27000B B054000C,NR_1;②~③ B5000B B010000C,NR_3;③~④B17000B B034000C,SR_2;④~①B5000B B010000C,NR_3.

例 2 切割图 4-22 所示工件 2,其加工程序(分成四段编制程序)为:①~② B B B040000C$_X$ L_1;②~③B1B9090000C$_Y$$L_1$;③~④B30000B40000B060000C$_X$$NR_1$;④~①B1 B9 B090000C$_Y$$L_4$。

图 4-21　工件 1

图 4-22　工件 2

在计算坐标和编制程序以前,先选择某一直角坐标系,一般应尽量选择图形的对称轴为坐标轴,以简化计算。然后根据图纸尺寸(计算时应取中差)计算出电极丝中心轨迹的交点、线与线、圆弧与圆弧、圆弧与线的交点的坐标值。求交点坐标值一般有作图法、解析几何法、一般几何法、计算法和计算机法。作图法时在方格之上做放大若干倍的图,并直接在图上量出交接点及圆心的坐标值(此法简便不易出错,但受尺寸大小及精度的限制)。简易编程计算法是利用向量投影的原理求图形的交接点及圆心位置坐标值,这种方法计算方便。计算机法是通过专用软件对非圆曲线等复杂曲线求点坐标,并实现自动编程。计算坐标点时,如图 4-23 所示,由于冲孔时制作尺寸以凸模尺寸为准,凹模的交点坐标还应考虑凸模和凹模的配合间隙。因此,电极丝中心离图形的垂直距离 f = 1/2 电极丝直径＋双边放电间隙－凸、凹模配合间隙(双边)。为便于计算坐标点,可把凸模的直角坐标系选择的与凹模一样。此时,f = 1/2(电极丝直径＋双边放电间隙)。对于落料凹模程序的编制,由于冲件以凹模尺寸为准,所以在计算凹模各交点坐标值时只需考虑电极丝直径和放电间隙,此时 f = 1/2 电极丝直径。

(a)加工凹模　　　　　　(b)加工凹模

图 4-23　加工凸、凹模时电极丝中心轨迹

图 4-24 所示为数字冲裁模凸凹模的加工实例。材料为 CrWMn,凸凹模与相应凹模和凸模的双面间隙为 0.01～0.02mm。淬火前,先在工件坯料上钻穿丝孔(图 4-24 中 $\phi 2.3$ 孔)。所有非光滑过渡的交点,应用半径为 0.1mm 的过渡圆弧连接。加工时,先切割两个直径为 2.3mm 的小孔,再由辅助穿丝孔位置开始进行凸凹模的外形加工。采用数控线切割机切割,工艺参数选择为:晶体管矩形波脉冲电源;空载电压峰值为 80V;脉冲宽度为 8μs;脉冲间隔为 30μs;平均电流为 1.5A;用快速走丝方式,走丝速度 9M/s;电极丝为直径 0.12mm 钼丝;工作液为乳化液;切割速度为 20～30mm²/min;可得表面粗糙度 Ra1.6μm。通过与相应凸模、凹模的试配或作必要研磨,可直接使用。

图 4-24　数字冲模凸凹模图形径＋双边放电间隙

第2节　单工序冲裁模具制造

2.1　单工序冲裁模具认知

一、识读单工序冲裁模装配图

单工序冲裁模是指在压力机一次行程内只完成一个冲压工序的冲裁模,如落料模、冲孔模、切边模、切口模等。

1. 图样分析

(1)基本图样。包括主视图、俯视图,如图4-25所示。

(2)表达方法。主视图采用了阶梯剖视,俯视图表达外形,采用了假想画法。

(3)附加图样。配置了排样图、冲压制件外形图。

冲件图

排样图

1-固定卸料板　2-凸模固定板　3-凸模　4-模柄　5-导柱　6-上模座
7-导套　8-钩形固定挡料销　9-凹模　10-下模座

图4-25　导柱式固定卸料落料模

2. 识别主要零部件

(1)工作零件。凸模、凹模。

(2)导向零件。导柱、导套。

(3)模座零件。下模座、上模座、凸模固定板、模柄。

(4)其他零件。固定卸料板、钩型固定挡料销。

3. 单工序冲裁模的结构特征

(1)无导向单工序模。它的特点是结构简单、重量轻、尺寸较小、模具制造容易、成本低廉。特征是上模与下模没有直接导向关系,靠冲床导轨导向。冲模使用安装时麻烦,模具寿命低,冲裁件精度差,操作也不安全。无导向简单冲模适合用于精度要求不高、形状简单、批量小或试制的冲裁件。

(2)导板式简单冲裁模。模具精度高、寿命长、使用安装方便、操作安全,但制造比较复杂。一般适用于形状较简单、尺寸不大的工件。

这种模具的特点是上模通过凸模利用导板上的孔进行导向,导板兼作卸料板。工作时凸模始终不脱离导板,以保证模具导向精度。因此,要求使用的压力机行程不大于导板厚度。

(3)导柱式简单冲裁模。模具准确可靠,能保证冲裁间隙的均匀,冲裁的工件精度较高、模具使用寿命长。该冲模利用了导柱和导套实现上、下模精确导向。而且在冲床上安装使用方便,因此导柱式冲裁模是应用最广泛的一种冲模,适合大批量生产。

二、装配工艺分析

1. 冲裁模的分类

(1)按工序性质分类。可分为落料模、冲孔模、切断模、切口模、切边模和剖切模等。

(2)按工序组合方式分类。可分为单工序模(俗称简单模)、复合模和级进模(俗称连续模,也称跳步模)。

(3)按上、下模的导向方式分类。可分为无导向的敞开模和有导向的导板模、导柱模。

(4)按凸、凹模的材料分类。可分为硬质合金冲模、钢皮冲模、锌基合金冲模、聚氨酯冲模等。

(5)按凸、凹模的结构和布置方法分类。根据结构可分为整体模和镶拼模,根据布置方法可分类为正装模和倒装模。

(6)按自动化程度分类。可分为手工操作模、半自动模、自动模。

2. 单工序冲裁模的种类

单工序冲裁模有无导向冲裁模和无导向冲裁模两种类型。对于无导向冲裁模,可按图样要求将上、下模分别进行装配,其凸、凹模间隙是冲模被安装到压力机上时进行调整的。而对于有导向冲裁模,装配时要选择好基准件(一般多以凹模为基准件),然后以基准件为准装配其他零件并调整间隙。

3. 单工序冲裁模的装配工艺分析

将导套、模柄、导柱分别装入上、下模座,并注意安装后使导柱、导套配合间隙均匀,上、下模座相对滑动时无发涩及卡住现象,模柄与上模座上平面保持垂直。

(1)装配凹模。把凹模装入凹模固定板中,装入后应将固定板与凹模上表面在平面磨床上一起磨平,使刃口锋利。同时,其底面也应磨平。

(2)装配下模。先在装配好凹模的固定板上安装定位板,然后将装配好凹模和定位板的固定板安装在下模座上,按中心线找正固定板的位置,用平行夹头夹紧,通过固定板上的螺钉孔在下模座上钻出锥窝。拆开固定板,在下模座上按锥窝钻螺纹底孔并攻丝,再将凹模固定板组件置于下模座上,找正位置后用螺钉紧固。最后钻铰销钉孔,打入定位销。

（3）装配凸模。将凸模压入固定板，铆合后将凸模尾部与固定板一起磨平。同时为了保持刃口锋利，还应将凸模的工作端面在平面磨床上刃磨。

（4）装钻卸料螺钉过孔。将卸料板套装在已装入固定板的凸模上，在卸料板与固定板之间垫入适合高度的等高垫铁，用平行夹头夹紧。然后以卸料板上的螺钉定位，在固定板上划线或钻出锥窝，拆去卸料板，以锥窝或划线定位在固定板上钻螺钉过孔。

（5）装配上模。将装入固定板上的凸模插入凹模孔中，在凹模与凹模固定板之间垫入等高垫铁，装上上模座，找正中心位置后用平行夹头夹紧上模座与固定板。以固定板上的螺纹孔和卸料螺钉过孔定位，在上模座上钻锥窝或划线，拆开固定板，以锥窝或划线定位在上模座上钻孔。然后，放入垫板，用螺钉将上模座、垫板、固定板连接并稍加固紧。

（6）调整凸、凹模间隙。将装好的上模套装在下模导柱上，调整位置使凸模插入凹模型孔，采用适当方法（如透光法、垫片法、镀层法等）并用手锤敲击凸模固定板侧面进行调整，使凸、凹模之间的间隙均匀。

（7）试切检查。调整好冲裁间隙后，用与冲件厚度相当的纸片作为试切材料，将其置于凹模上定位，用锤子敲击模柄进行试切。若冲出的纸样轮廓整齐、无毛刺或毛刺均匀，则说明间隙是均匀的。如果只有局部有毛刺或毛刺不均匀，则应重新调整间隙直至均匀。

（8）固紧上模并安装卸料装置。间隙调整均匀后，将上模连接螺钉紧固，并钻铰销钉孔，打入定位销。再将卸料板、弹簧用卸料螺钉连接。装上卸料装置后，应能使卸料板上、下运动灵活，且在弹簧作用下、卸料板处于最低位置时凸模的下端面应缩入卸料板孔内约 0.5mm。

2.2 工作零件的加工

一、圆形凸模零件的加工方法

冷冲模凸模的结构总的来说包含两大部分，即凸模的工作部分和安装部分。其工作部分是直接冲压加工的。它属于长轴类零件，工作表面的加工方法与尺寸、形状和精度有关。

由于成型制件的形状各异、尺寸差别较大，因此凸模刃口的轮廓形状种类也是多种多样的。对于不同刃口轮廓形状，凸模加工的方法也不同。按凸模的断面形状，大致可分为圆形凸模和非圆形凸模两类。安装部分是将凸模安装在凸模固定板上，然后固定在模座上，使之成为一体构成上模。

凸模加工主要有以下两个工艺要点：

①工作表面的加工精度和表面质量要求高。

②热处理变形对加工精度有影响。

圆形凸模主要由外圆柱面、端面及过渡圆角组成，它的工作面和固定端一般都是圆形的。

圆形凸模典型结构如图 4-26 所示，它的加工比较简单，毛坯一般采用棒料，热处理前在车床上对棒料先进行粗加工和半精加工，留有适当的磨削余量，热处理后在外圆磨床上进行精磨，然后对凸模的工作部分进行抛光、刃磨即可。

圆形凸模常见的加工方法有双顶尖法和工艺夹头法两种。

（1）双顶尖法。它可以保证车销、磨削外圆时安装基准相同。它是先车削出圆形凸模的两端面，然后按中心孔设计要求钻两端顶尖孔，在用双顶尖装夹圆形凸模毛坯，车削及磨削圆柱面。此方法适用于细长圆形凸模的加工。

图 4-26　圆形凸模典型结构

（2）工艺夹头法。用它加工圆形凸模，它是先车削出圆形凸模两端、外圆及工艺夹头，然后用三爪自定心卡盘，在一次装夹磨削 3 个台阶圆。此方法适用于长径比不大的圆形凸模加工。

二、凹模零件的加工

1. 圆形凹模型孔的加工

（1）单圆形凹模型孔的加工

加工过程为：锻造→退火→钻孔→扩孔→镗孔→淬火、回火→粗磨→精磨。

孔的精度尺寸为 IT5～IT6，表面粗糙度 Ra 可达 $0.8～0.2\mu m$。

（2）多圆形凹模型孔的加工

①用普通钻床加工。

②用立式铣床加工（图 4-27）。在铣床上附加量块、百分表测量装置，孔距精度可达 0.02mm。

图 4-27　用立式铣床加工孔系

（3）用坐标镗床加工。坐标镗床的定位精度一般可达 0.002～0.0025mm。

①对各孔中心逐点打中心样冲眼。

②对各型孔钻出适当大小的定心空。

③再对各定心孔进行钻、扩、绞和镗孔加工。

2.异形凹模型孔的加工

(1)锉削加工

加工过程为:在凹模上→划线→沿型孔轮廓线钻孔(图 4-28)→锉成通槽→修锉型孔壁。

图 4-28　沿型孔轮廓线钻孔

(2)压印锉修

在锉削的基础上,再进行凸模压印凹模的型孔,并对凹模型孔进行修锉加工。

(3)线切割加工

多用于加工凹模(图 4-29),型孔形状复杂、带有尖角、狭缝模具,其加工过程为:毛坯→刨六面→磨平面→划线→去废料→热处理→磨平面→线切割型孔→型热处理→修配。

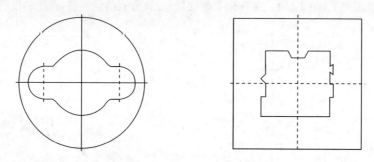

图 4-29　非圆形型孔凹模

(4)电火花加工

适合于型孔周长比较长、多型孔的加工,特别适合小孔和小异性孔的加工。其加工程序为:毛坯→刨六面→磨平面→划线→去废料→加工螺孔和销孔→平磨→退磁→电火花加工型孔。

3.坐标磨床加工

坐标磨床与坐标镗床的加工工艺步骤相似,也是用坐标法对孔系进行加工,只是将镗刀改为砂轮。

(1)外圆磨削

外圆磨削是利用砂轮的高速自转、行星运动和轴线的直线往复(图 4-30)进行外孔磨削。行星运动直径的缩小实现径向进给,如图 4-31 所示。

图 4-30　砂轮的三种运动　　　　　　图 4-31　外圆磨削

（2）内圆磨削

内圆磨削是利用砂轮的高速自转、行星运动和轴线的直线往复进行外孔磨削。行星运动直径的增大实现径向进给,如图 4-32 所示。

图 4-32　内孔磨削

（3）侧磨

侧磨能对方形、槽形及带倾角的内表面进行磨削加工,如图 4-33 所示。

图 4-33　侧磨

（4）平面磨削

砂轮只作高速自转不作行星运动,通过移动工作台实现送进运动。适合于平面轮廓的精密加工如图 4-34 所示。

图 4-34　平面磨削

（5）锥孔磨削

锥孔磨削是由机床上的专门机构使砂轮在轴向进给，同时连续改变行星运动半径来实现磨削加工，如图 4-35 所示。

图 4-35　锥孔磨削

2.3　导向零件的加工

一、导柱的加工

在冷冲模模架（图 4-36）和塑料模模架（图 4-37）中的导套和导柱是机械加工中常见的套类和轴类零件，主要是对内外圆柱表面的加工。

图 4-36　冷冲模模架

图 4-37　塑料模模架

1.导柱的技术要求

(1)导柱工作部分圆柱度公差。

(2)导柱与固定模座配合部位直径的同轴度公差。

(3)导柱各部分尺寸精度、表面质量要求。

(4)导柱工作表面的热处理要求。

(5)导柱工作表面应具有耐磨性。

2.导柱的加工工艺过程

导柱的加工工艺过程为:下料→车端面、钻中心孔→车外圆→检验→热处理→研磨中心孔→磨外圆→研磨→检验,如图 4-38 所示。

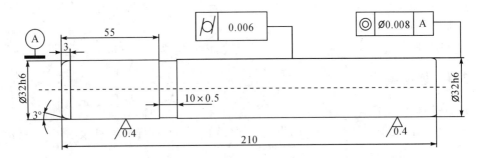

图 4-38　导柱加工工艺过程

3.导柱的光整加工

(1)中心孔的修磨

①磨削方法:效率高、质量好,但砂轮易磨损。

②研磨方法:配合精度高,但效率较低。

③挤压中心孔方法:效率很高,但质量稍差。

(2)导柱的研磨加工

①大批量的,在专业研磨机床上进行。

②小批量的,用简单研磨工具在车床上研磨。

二、导套的加工

1.导套的技术要求

标准导套的结构如图 4-39 所示。

图 4-39　标准导套结构

(1)导套与导柱配合面的表面粗糙度 $Ra<0.4\mu m$。

(2)导套加工后其工作部分圆柱度公差。

(3)导套加工后渗碳处理。

(4)导套与固定模座装合部位直径的同轴度公差。

(5)导套加工后的形状及尺寸精度要求。

2.导套的加工工艺过程与导套的光整加工

导套的加工工艺过程为:下料→车外圆及内孔→检验→热处理→磨内、外圆→研磨→检验。

(1)磨削导套外圆柱。在小锥度心轴带动导套旋转下,磨削导套外圆柱面。

(2)用可胀研磨工具来研磨导套内孔。通过调节两端的螺母可调整研磨套的外径的收缩来控制研磨量的大小。

(3)用挤压的方法加工导套内孔。在挤压前,内孔应留 0.25~0.3mm 余量。

2.4 模架零件

一、冷冲模标准模架

冷冲模标准模架包括对角导柱、中间导柱、后侧导柱和四导柱模架,如图 4-40 所示。

(a)对角导柱模架   (b)中间导柱模架

图 4-40 冷冲模模架

1.模架的技术要求

(1)导柱与导套的配合要求。Ⅰ级精度模架的导柱和导套的配合精度为 H6/h5;Ⅱ级精度模架的导柱和导套的配合精度为 H6/h6。

(2)模架装配后,上模座在导柱滑动平稳。

(3)装配后。模架上模座上平面对下模座下平面的平行度;导柱的轴线对下模座下平面的垂直度;导套孔的轴线对上模座是上平面的垂直度。

(4)模架的工作表面不应有碰伤或其他机械损伤。

2.其他结构零件的加工工艺

其他结构零件的加工工艺为:备料铣磨平面→铣侧面→钳工→热处理→铣磨平面→铣侧面→铣孔→钳工→镗孔→检验。

二、上下模架的加工

模座的材料包括铸铁(HT200、QT400-18)和铸钢(ZG310-570)。

1.模座的技术要求

(1)模座上、下平面的平行度公差。

(2)上、下模座导柱、导套安装孔间距尺寸应保持一致。

(3)导柱、导套安装孔的轴心线应与基准面垂直。

(4)模座上、下工作面精磨后表面粗糙度 Ra 为 $0.4 \sim 1.6 \mu m$。

(5)模座未标注公差尺寸按 IT14 级精度加工。

2.模座的加工工艺过程

模座的加工工艺过程为:备料→刨平面→划线→铣前平面→钻削→刨削→磨削→镗削→铣削→检验→钳工。

3.上、下模座孔的加工

(1)调节两主轴间的距离。

(2)安装镗刀(图 4-41)。

(a)紧固　　　　　　　　　　(b)对刀

图 4-41　安装镗刀

(3)模座的定位与装夹(图 4-42)。

(a)将套与芯棒插入定位件　　　　　(b)装夹芯棒

图 4-2　模座的定位与安装

①把套与芯棒插入定位件。

②移动定位件,使芯棒对准镗刀柄。

③把定位件紧固。

④将套插入模座的毛坯孔,并将芯棒插入套孔。

⑤启动电动机,使压板将模座压紧。

(4)镗孔。镗孔前,要先取去芯棒等工具,然后进行镗孔。

2.5 单工序冲裁模的装配

一、模具装配的组织形式

模具装配过程是按照模具技术要求和各零件间的相互关系,将合格的零件连接并固定为构建、部件,直至装配成合格的模具,它可以分为构件装配和总装配等。

1.模具装配的内容

(1)准备阶段

①研究装配图。装配图是进行装配工作的依据,因此装配前必须读懂和熟悉模具装配图,掌握模具的结构特点和主要技术要求以及各零件的安装部位,了解有关零件的连接方式和配合性质,从而确定合理的装配基准、装配方法和装配顺序。

②清理检查零件。根据装配图上的零件明细表,清点和清洗零件,检查主要工作零件的尺寸和形状精度,查明各配合面的间隙以及有无变形和裂纹缺陷。

③准备装配工具。根据模具装配顺序分析,该模具应先装下模,然后以下模为基础装配上模。在完成模架、凸模、凹模组装后进行总装。

(2)组件装配阶段

(3)总装配阶段

(4)检验调试阶段

2.模具装配的要求

为了保证模具的正常工作性能,必须使其达到规定的装配精度。装配精度是装配工艺的质量指标,是制定装配工艺规程的主要依据,也是合理的选择装配方法和确定零件加工精度的依据。它不仅关系到产品的质量,也影响产品制造的经济性,所以应正确规定产品的装配精度。模具的装配精度通常包含相互配合精度、相互位置精度、相对运动精度、相互接触精度4个方面。

(1)装配尺寸链的精度能满足封闭的要求。

(2)装配好的模具生产出的工件能满足规定的要求。

(3)符合配用设备的安装和生产要求。

(4)能保证模具使用性能与寿命。

3.模具装配的组织形式

(1)固定装配

①分散装配。把产品装配的全部工作分散为各种部件装配和总装配,各分散在固定的工作地点完成。装配工人增多,生产面积增大,生产效率高,装配周期短。

②集中装配。从零件装配成部件或产品的全过程均在固定工作地点,由1组(或1个)工人来完成。对工人技术水品要求较高,工作地面积大,装配周期长。

(2)移动装配

①按自由节拍。装配工序是分散的,每一组装配工人完成一定的装配工序,每一装配工

序无一定的节拍。产品是经传送工具自由地（按完成每一工序所需时间）送到下一工作地点,对装配工人的技术要求较低。

②按节拍周期。装配的分工原则同前一种组织形式,每一装配工序是按一定的节拍进行的,产品经传送工具按节拍周期性(断续)地送到下一工作地点。对装配工人的技术水平要求较低。

③按速度连续移动。装配分工原则同上,产品通过传送工具以一定速度移动,每一工序的装配工作必须在一定的时间内完成。

二、模具零件的固定方法

1. 紧固件固定法

紧固件固定法主要通过定位销和螺钉将零件相连接,其特点是工艺简单、固定方便。

(1)螺钉紧固式,如图 4-43 所示。

图 4-43　螺钉紧固式

(2)斜压块紧固式,如图 4-44 所示。

图 4-44　斜压块紧固式

2. 压入固定法

压入固定法(图 4-45)的特点是连接牢固可靠、配合精度高,但加工成本高。使用于冲裁板厚 $t \leqslant 6mm$ 的冲裁凸模和各类模具零件,利用台阶结构限制轴向移动,应注意台阶结构尺寸,使 $H > \Delta D$,$\Delta D > 1.5 \sim 2.5mm$,$H = 3 \sim 8mm$。

图 4-45　压入固定法

3. 挤紧固定法

挤紧固定法是把凸模通过凹模压入固定板型孔→挤紧→复查间隙→修整。

4. 铆接固定法

铆接固定法适用于冲裁板厚 $t \leqslant 2mm$ 的冲裁凸模和其他轴向拔力不大的零件。凸模和型孔配合部分保持 $0.01 \sim 0.03mm$ 的过盈量,凸模铆接端硬度不大于 30HRC,固定板型孔铆接端倒角为 $C0.5 \sim C1$。

5. 热套固定法

热套固定法(图 4-46)主要用于固定凹模和凸模拼块以及硬质合金模块。

热套法装配的过盈量控制在 $(0.001 \sim 0.002)D$ 范围内。

模套

凹模块

图 4-46　热套固定法

6. 焊接固定法

焊接固定法(图 4-47)主要用于硬质合金模。焊接前要在 $700 \sim 800℃$ 进行预热,并清理焊接面,再用火焰钎焊或高频钎焊在 $1000℃$ 左右焊接,焊缝为 $0.2 \sim 0.3mm$。焊料为黄铜,并加入脱水硼砂。

图 4-47　焊接固定法

焊后放入木炭中缓冷,最后在 200～300℃中保温 4～6h 去除内应力。

7.低熔点合金固定法

低熔点合金时值用铋、铅、锡、锑、铟等金属元素配置的一种合金。

低熔点合金在冷凝时体积膨胀,可以再模具装配中固定凸模、凹模、导柱和导套,以及浇注成型卸料板等。

(1)清洗、去油、预热 100～150℃。

(2)放固定板,并放等高铁块。

(3)放凸凹模,由凹模定位控制好间隙。

(4)浇注低熔点合金。

(5)冷却固化。

8.环氧树脂黏接固定法

环氧树脂是一种有机合成树脂,当其硬化后对金属和非金属材料有很强的黏接力。

环氧树脂固定法常用于固定凸模、导柱、导套和浇注成型卸料孔等。

(1)将环氧树脂加热到 70～80℃。

(2)烘干铁粉加入环氧树脂中调匀。

(3)再加入邻苯二甲酸二丁酯搅拌均匀。

(4)降至 40℃时,再加入乙二胺继续搅拌。

(5)没有气泡后,立即浇注到黏结缝隙中。

(6)待环氧树脂凝固硬化。

(7)检查质量,12h 后可使用。

三、凸、凹模间隙的控制方法

1.垫片法

垫片法(图 4-48)的加工工艺过程为:固定凸模→方垫片→合模观察、调整→切纸试冲→固定凸模。初步定位,在凹模刃口四周适当的地方安放厚薄均匀的金属垫片,垫片的厚度应等于单边间隙值,间隙较大时需叠放两片以上,合模观察和凸模是否顺利进入凹模与垫片接触良好,如果间隙不均匀可采用敲击法调整。

1-垫片 2-上模座 3-凸模固定板 4-等高垫铁 5-凹模 6-下模座

图 4-48 垫片法

2.镀铜法

镀铜法的加工工艺过程为:物化处理(镀中层间)→镀铜(碱性溶液)→镀铜加厚(酸性溶液)。对于形状复杂、凸模数量又多的冲裁模,用上述方法控制间隙比较困难。这时可以将凸模表面镀上一层软金属,如镀铜等。

镀层厚度等于单层冲裁间隙值。然后按上述方式调整、固定、定位。镀层在装配后不必去除,在冲裁时自然脱落。

在凸模表面镀铜,镀层均匀,厚度为单边间隙值,镀铜前先用丙酮去污,再用氧化镁粉擦净,镀层在冲压时会自行脱落,装配后不必专门去除。

3. 涂层法

涂层法是在凸模表面涂上一层如磁漆或氢基醇酸漆之类的薄膜,涂漆时应根据间隙大小选择不同黏度的漆,或通过多次涂漆来控制其厚度。

涂漆后将凸模组建放入烘箱内,于 $100\sim120℃$ 烘烤 $0.5\sim1h$,直到漆层厚度等于冲裁间隙值,并使其均匀一致。

涂淡金水法控制凸、凹模间隙,即是在装配时将凸模表面涂上一层淡金水干燥后,再将机油研磨调合成很薄的涂料,均匀地涂在凸模表面上,然后将其垂直插入凹模相应孔内即可装配。

在凸模表面涂漆层,使用小间隙冲模。

4. 腐蚀法

先将凸模与凹模做成相同尺寸,装配后用酸将凸模均匀地腐蚀一层,以达到间隙要求。腐蚀后要用水清洗干净。腐蚀液的常用成分如下:

(1)20%硝酸+30%醋酸+50%水。

(2)55%蒸馏水+25%~20%草酸+1%~2%硫酸。

5. 透光法

透光法是利用上、下模合模后,从凸模与凹模间隙中透过光缝大小来判断模具间隙均匀程度的一种办法。对小型模具简便易行,可凭肉眼来判断光缝的大小,也可以借助模具间隙测量仪器来检测。这种方法适合于薄料冲裁模。

6. 切纸法

切纸法是检查和精确调整间隙的方法,在凸凹模之间放上一张厚薄均匀的纸代替毛坯,根据切纸周边是否切断,有无毛边及毛边均匀程度来判断间隙情况。

7. 测量法

测量法是将凸模组建。凹模分别固定于上模座及下模座的合适位置,然后将凸模插入凹模型孔内,用厚薄规(塞尺)分别检查凸凹模不同部位的配合间隙,根据核查结果调整凸、凹模之间的相对位置,使间隙在水平四个方向上一致。

该方法只适用于凸、凹模配合间隙(单边)在 0.02mm 以上,且四周间隙为直线形状的模具。

8. 工艺定位器

工艺定位器法(图 4-49)是利用工艺定位器控制凸、凹模的间隙可以保证上、下模同轴。

适用于大间隙的冲模,如冲裁模、拉深模等,对复合模尤为适用,待凸模和凸模固定板用定位销固定后拆去定位器即可。

1-凸模　2-凹模　3-工艺定位器　4-凸凹模

图 4-49　工艺定位器法

9.酸腐蚀法

酸腐蚀法是将凸模的尺寸先做成凹模型孔的尺寸并进行装配,从而获得凸、凹模的正确安装位置,在确定凸、凹模位置后再将凸模取出,将其工作段部分用配制的酸液腐蚀出所需间隙(间隙大小由腐蚀时间长短控制)的装配方法。

第 3 节　复合冲裁模具制造

3.1　复合冲裁模具认知

一、复合冲裁模的概念、种类及特点

1.定义

冲床一次行程中,在模具同一位置上能完成几个不同冲裁工序的模具。

2.结构特点

在一副模具中,有一个凸凹模。既是落料的凸模又是冲孔的凹模;既是落料的凸模又是拉伸的凹模。

3.结构原理

凸凹模与落料凹模作用完成落料工序,同时凸凹模与冲孔凸模作用完成冲孔工序(图 4-50)。

1-推荐块　2-冲孔凸模　3-落料凹模　4-凸凹模　5-卸料板

图 4-50　复合模的结构原理图

二、复合冲裁模的种类

按落料凹模的安装位置分为:正装式,落料凹模安装在下模部分;倒装式,落料凹模安装在上模部分。

1. 正装式复合冲裁模

(1)结构特点:落料凹模、冲孔凸模装在下模上,凸凹模则装在上模处。

(2)工作状态(冲裁完成后):条料被弹顶装置。

(3)应用:制件平面和直冲线度要求较高或冲裁时易弯曲的大而薄的制件。

(4)缺点:操作不方便,也不安全,不适用于多孔制件的冲裁。

2. 倒装式复合冲裁模

(1)结构特点:落料凹模、冲孔凸模装在上模上,凸凹模则装在下模处。

(2)工作状态(冲裁完成后)

①条料紧箍在凸凹模上,由弹性卸料装置卸下。

②制件卡在落料凹模内和箍在冲孔凸模上,由推件装置推下。

③废料卡在凸凹模洞口内,在冲孔凸模的推动下从下模出来。

(3)缺点:操作方便、安全。

(4)应用:平面和直线度要求不高的多孔厚板制件的冲裁。

三、复合冲裁模的特点

1. 特点(从整体来看)

(1)制件形位尺寸精度较高。

(2)制件冲孔与落料的毛刺同在一侧。

(3)节省材料,可利用短条料或边角余料冲裁。

(4)模具的体积较小,模具结构紧凑。

(5)制件内、外形尺寸直接影响凸凹模强度。

(6)生产效率高,一副模具能同时完成几道工序。

2. 应用

由于凸凹模的壁厚受到限制,复合模适宜冲裁生产批量大,精度要求高,厚度不大于3mm 的形状复杂的软料和薄料。

四、识读正装复合冲裁模的装配图

1. 图样分析

(1)基本图样:主视图、俯视图,如图 4-51 所示。

(2)表达方法:注视图采用了全剖视,俯视图表达外形。

(3)附加图样:配置了排样图、冲压制件外形图。

2. 识别主要零部件

(1)工作零件:凸凹模、落料凹模、冲孔凸模。

(2)导向零件:导柱、导套、固定挡料销。

(3)模座零件:下模座、上模座、凹模固定板、凸模固定板、凸模固定板、模柄。

(4)其他零件:卸料螺钉、卸料板、顶件块、打杆、销钉。

3. 弄清复合冲裁模的结构特征

凸凹模结构特点:在复合冲裁模中,由于内外缘之间的壁厚是决定于冲裁件的孔边距,

1-下模座　2-销钉　3-螺钉　4-下垫板　5-凹模固定板　6-卸料板

7-固定挡料销　8-导柱　9-导套　10-销钉　11-螺钉　12-冲孔凸模　13-模柄

14-打杆　15-防转销　16-顶件块　17-销钉　18-上模座　19-上垫板　20-凸模固定板

21-中间板　22-落料凹模　23-凸凹模　24-卸料橡胶块　25-卸料螺钉

图 4-51　冲孔落料复合冲裁模

所以当冲裁件孔边距较小时必须考虑凸凹模强度。为保证凸凹模强度,其壁厚应不小于允许的最小值。如果小于允许的最小值,就不宜采用复合模进行冲裁。

五、正装复合冲裁模的加工工艺分析

1. 复合冲裁模装配要领

复合冲裁模一般以凸凹模作为装配基准件(冲孔落料复合冲裁模如图 4-51 所示)。其装配顺序如下:

(1)装配模架。

(2)装配凸凹模组件(凸凹模及其固定板)和凸模组件(凸模及其固定板)。

(3)将凸凹模组件用螺钉和销钉安装固定在指定模座(正装式复合模为上模座,倒装式复合模为下模座)的相应位置上。

(4)以凸凹模为基准,将凸模组件及凹模初步固定在另一模座上,调整凸模组件及凹模的位置,使凸模刃口分别与凸凹模的内、外刃口配合,并保证配合间隙均匀后固紧凸模组件与凹模。

(5)试冲检查合格后,将凸模组件、凹模和相应模座一起钻铰销孔。

(6)卸开上、下模,安装相应的定位、卸料、推料或顶出零件,在重新组装上、下模,并用螺钉和定位销紧固。

2.复合模装配分析

(1)装配模架。将导套、导柱分别装入上、下模座,并注意安装后使导柱、导套配合间隙均匀,上、下模座相对滑动时无发涩及卡住现象,装配凸凹模,将凸凹模固定在凸凹模固定板中,装入后将固定板与凸、凹模上平面在平面磨床上一起磨平,使刃口锋利。同时,其底面磨平。

(2)装配下模。在装配好凸凹模的凸凹模固定板上安装垫板,然后将装配好凸凹模和垫板的固定板安放在下模座上,按中心线找正固定板的位置,用平行夹头夹紧,通过固定板上的螺钉孔在下模座上钻出锥窝。

拆开固定板,在下模座上按锥窝钻孔并锪平端孔,再将凹模固定板组件置于下模座上,找正位置后用螺钉紧固。最后钻铰销孔。

(3)组装凸模。先将冲孔凸模装入冲孔凸模固定板中,再将冲孔凸模、冲孔凸模固定板、上模座粗装在一起。

(4)调整冲孔凸、凹模间隙。将上、下模组合在一起,用透光法调整凸凹模的间隙,轻轻敲击凸凹模固定板,使凸凹模间隙均匀。

(5)紧固上模。间隙调整均匀后,将上模连接螺钉紧固,并钻铰销钉孔,打入定位销。

(6)调整落料凸、凹模间隙。将准备好的垫片安装在凸、凹模上,再将凹模板放置在凸凹模垫片上,装入上模座,并用螺钉将上模座与凹模板拉紧。在将上、下模拉开,通过凹模板上的销钉孔配作上模座的销钉孔。

(7)安装卸料板。先将活动挡料销装在卸料板上,再将卸料板、卸料螺钉与橡皮组成的弹性卸料系统安装在下模座上,用卸料螺钉把卸料板拉紧,调节预警力,使之均衡。

(8)装配上模。将模柄装入上模座,用放转销固定。放入打杆,将上模座放在等高垫铁上,再将上垫板放在上模座上,将凸模固定板放在垫板上,配入销钉。放入推杆,放入推件板,放入凹模板,配入销钉,并用螺钉将上模各板连接起来。

(9)试切检查。将上、下模合模,进行试切检查。

3.2 非圆形凸模零件的加工

一、非圆形的加工方法一

非圆形凸模加工比较复杂,生产中常采用压印锉修、刨削加工、线切割加工和成型磨削等加工方法。但是这些方法都是在热处理前进行的,因此加工的精度不高,生产效率也比较低。

1.压印锉修

压印锉修是用凹模压印制造凸模的一种钳工制造方法。在缺少专用制模设备的情况下,此法十分有效。

(1)压印的方法

利用凹模压印,如图4-52所示。压印时,在压力机上将未淬火的凸模压入已淬硬的成型凹模内,凸模上的多余金属由于压力的作用被凹模挤出,此时凸模上会出现凹模压痕,然后再根据压痕将多余的金属锉去。如此经过反复多次,直到凸模刃口达到所要求的尺寸为止(图4-53)。压印结束后,在按照图样的要求间隙锉修凸模,并留有双面0.01~0.02mm的钳工研磨余量,检验合格后经热处理,再经刃磨修整即可。

图 4-52 压印的方法

图 4-53 凸模的刃口形状

(2)压印时应注意事项

①为减少印压摩擦和提高凸模表面质量,对印压凹模工作刃口表面质量要求较高,其表面粗糙度值 Ra<0.4μm,此外在压印前凸模表面上应涂一层少量的硫酸铜。

②用手扳动压力机或油压机。每次压印压痕不宜过深,首次压印应控制在 0.2mm 以内,以后可逐渐增加到 0.5~1.5mm。

③在进行压印的时候,要将凸模正确地放在凹模刃口内,使四周余量分布均匀,要在压印凹模表面与凸模中心线垂直之后,才可进行挤压。

④凹模刃口的上、下平面要磨平,并要将压印凹模和凸模坯料进行退磁处理,避免其碎铁屑附在刃口上,造成刃口划伤,影响压印质量。

⑤锉修时不允许碰到已压印的表面。

⑥锉修后留下的余量要均匀,以免下次压印时产生不必要的倾斜。

(3)刨削加工

刨削主要是加工模具的外形平面和曲面,尺寸精度为 0.05mm,表面粗糙度 Ra 为 1.6~6.3μm。刨削后需经热处理淬硬,一般都留有精加工余量,其加工工艺流程为:刨削前准备→刨削→热处理→研磨→检验。

二、非圆形凸模的加工方法二

1.电火花线切割加工

电火花线切割加工工艺流程为:准备毛坯→刨或铣六面→钻穿丝孔→加工螺纹孔→热处理→磨削→退磁处理。

2.成型磨削的加工

(1)成型砂轮磨削法(图 4-54)。它是将砂轮修整成与工件被磨削表面完全吻合的相反型面。

图 4-54 成型砂轮磨削法

①修整砂轮圆弧的夹具。

②修整砂轮角度的夹具。

③用挤压法修整成型砂轮(图 4-55)。

图 4-55　用挤压法修整成型砂轮

(2)光学曲线磨削法,如图 4-56 所示。它是利用投影放大的原理,即光线从机床的下部光源射出,通过工件和砂轮将两者的投影射入物镜,经过平面镜和三棱镜的反射,可以在光屏上得到放大 50 倍的影像,然后将此影像与光屏上的工件放大图进行比较。

图 4-56　光学曲线磨床的光学放大原理

(3)数控成形磨削法。

①横向切入磨削方式。

②复合磨削方式。

③夹具成形磨削法。

(4)夹具成型磨削法。

①正弦精密平口虎钳,如图 4-57 所示。

②正弦磁力夹具。

③万能夹具,如图 4-64 所示。

a. 直接用螺钉与垫柱装夹。

b.用精密平口虎钳装夹。

c.用电磁台装夹。

图 4-57　正弦精密平口虎钳

④正弦分度夹具,如图 4-58 所示。

图 4-58　万能夹具

3.3　卸料零件的加工

卸料零件包括:卸料、推件和顶件装置,其作用是当冲模完成一次冲压之后,把制件或废料从模具工作零件上卸下来,以便冲压工作继续进行。

卸料是指把制件或废料从凸模上卸下来;推件和顶件是指把制件或废料从凹模中卸下来。

一、卸料装置

卸料装置的作用是将冲裁后卡箍在凸模上或凸凹模上的制件或废料卸掉,保证下次冲压正常进行。

1.刚性卸料

刚性卸料采用固定卸料板结构(图 4-59)。刚性卸料的模具中板料是处于无压料状态,冲制出来的零件有明显的翘曲现象。

(a)　　　　(b)　　　　(c)　　　　(d)

图 4-59　刚性卸料装置

(1)应用:常用于较硬、较厚且精度要求不高的工件冲裁后的卸料。

(2)安装:卸料板一般装在下模。

2. 弹性卸料

弹性卸料装置如图 4-60 所示,其工作原理是:合模时其中的弹簧或橡胶等弹性元件受压,开模时它们回弹使卸料板相对凸模有相对运动,实现将落料件或冲孔废料从凸模上卸下。同时,弹压卸料还有压料的作用,所加工的零件平直度高、质量好。所以弹性卸料装置常用于要求较高的冲压件或薄板冲压中,包括弹压卸料板、橡皮块或弹簧、卸料螺钉等。

弹性卸料装置一般装在上模,当卸料力很大时,模具采用倒装的形式,弹性卸料装置布置在下模。

(a)　　　　　(b)　　　　　(c)　　　　　(d)

图 4-60　弹性卸料装置

二、推、顶件装置

推件装置和顶件装置(图 4-61)都是从凹模中卸下制件或废料,安装在上模内的称为推件装置,在下模内的称为顶件装置。

(a)　　　　　　　(b)　　　　　　　(c)

1-打杆　2-推板　3-连续推杆　4-推件块　5-顶件块　6-顶杆　7-托板　8-橡胶块

图 4-61　推件和顶件装置

1. 推件装置

推件装置一般是刚性的,装在上模,包括打杆、推板、连接推杆和推件块。

2. 顶件装置

顶件装置一般是弹性的,装在下模。包括顶杆、托板和顶件块。顶件力由装在下模座底部的橡皮快缓冲器通过顶杆传给托板。这种结构除起顶件作用外,一般还起压料作用。

第5章 模具装配工艺

模具的装配是整个模具制造过程中的最后一个阶段,它包括装配、调整、检验和试模等工作。模具的工作性能、使用效果和寿命等综合指标用来计定模具的质量,模具质量最终是通过装配来保证的。如装配不当,即使零件的制造质量合格,也不一定能装配出合格的模具;反之,当零件质量不十分良好时,只要在装配中采用合适的装配工艺措施,也能使模具达到设计的要求。因此,研究装配工艺过程和装配精度,采用有效的装配方法,采用合理的装配工艺,对保证模具质量有着十分重要的意义。

第1节 模具装配概述

根据模具装配图和技术要求,将模具零部件按照一定工艺顺序进行配合、定位、连接与紧固,使之成为符合技术要求和使用要求的模具的过程,称为模具装配。模具装配是模具制造过程中非常重要的环节,装配质量直接影响到模具的精度及寿命。

模具装配图及验收技术条件是模具装配的依据,构成模具的所有零件,包括标准件、通用件及成形零件等复合技术是模具装配的基础。但是,并不是有了合格的零件,就一定能装配出符合设计要求的模具,合理的装配工艺及装配经验也很重要。

模具装配过程是模具制造工艺全过程中的关键工艺过程,包括装配、调试、检验和试模。

1.1 模具装配精度要求

模具装配精度一般由设计人员根据产品零件的技术要求、生产批量等因素确定,它概括为模架的装配精度、主要工作零件及其他零件的装配精度,主要从以下几个方面体现。

(1)相关零件的位置精度。相关零件的位置精度指冲压模的凸、凹的位置精度,注射模的定、动模型腔之间的位置精度等。

(2)相关零件的运动精度。相关零件的运动精度包括直线运动精度、圆周运动精度及传动精度等,例如模架中导柱和导套之间的配合状态、卸料装置运动的灵活可靠、进料装置的送料精度等。

(3)相关零件的配合精度。相关零件的配合精度是指相互配合零件间的间隙和过盈程度是否符合技术要求,例如凸模与固定的配合精度、销钉与销钉孔的配合精度、导柱与导套的配合精度等。

(4)相关零件的接触精度。相关零件的接触精度指注射模具分型面的接触状态,弯曲模的上、下成形表面的吻合一致性及注射模滑块与锁紧块的斜面贴合情况等。

冲压模架的精度检查验收依据为冲模模架技术条件(GB/T 12447—1990),注射模模架及零件的精度检查验收依据为中小型模架技术条件(GB/T 12556.2—1990)及大型模架技术条件(GB/T 12555.2—1990)。

1.2 模具装配工艺方法

模具装配的工艺方法有互换法、修配法和调整法等。由于模具制造属于单件小批量生产,具有成套性和装配精度高等特点,所以目前模具装配常用修配法和调整法。今后,随着模具加工设备的现代化,零件制造精度逐渐满足互换法的要求,互换法的应用将会越来越广泛。

一、互换装配法

互换装配法是通过严格控制零件制造加工误差来保证装配精度。该方法具有零件加工精度高、难度大等缺点,但由于具有装配简单、质量稳定、易于流水作业、效率高、对装配钳工技术要求低、模具维修方便等优点,适合于大批量生产的模具装配。

二、修配装配法

修配装配法是指装配时修去指定零件的预留修配量,达到装配精度要求的方法。这种方法广泛应用于单件小批量生产的模具装配。常用的修配方法有以下两种。

1. 指定零件修配法

指定零件修配法是在装配尺寸链的组成环中,预先指定一个零件作为修配件,并预留一定的加工余量,修配时再对该零件进行精密切削加工,达到装配精度要求的加工方法。如注射模具滑块和锁紧块的贴合面修配,通常将滑块斜面预留一定的余量,根据装配时分型面的间隙 a 可用公式 $b=(a-0.2)\sin\theta$ 来计算滑块斜面修磨量。

1-砂轮 2-凸模固定板 3-凸模
4-等高平行垫铁 5-平面磨床工作台
图 5-1 修配凸模和凸模固定板上平面

2. 合并加工修配法

合并加工修配法是将两个或两个以上的配合零件装配后,再进行机械加工,以达到装配精度要求的方法。如图 5-1 所示,当凸模 3 和凸模固定板 2 组合后,要求凸模 3 上端面和凸模固定板 2 的上平面为同一平面。采用合并加工修配法在单独加工凸模 3 和凸模固定板 2 时,对 A_1 和 A_2 尺寸不用严格控制,而是将两者组合在一起后,进行配磨上平面,以保证装配要求。

修配法的优点是放宽了模具零件的制造精度,可获得很高的装配精度;缺点是装配中增加了修配工作量,装配质量依赖于工人的技术水平。

3.调整装配法

调整装配法是用改变模具中可调整零件的相对位置,或变化一组定尺寸零件(如垫片、垫圈)来达到装配精度要求的方法。如图5-2所示为冲压模具上顶出零件的弹性顶件装置,通过调整旋转螺母8、压缩橡皮7,使顶件力增大。

1-顶料板　2-凹模　3-顶杆　4-下模座　5-垫板　6-螺杆　7-橡皮　8-螺母

图 5-2　调整装配法调整顶件力

调整法可以放宽零件的制造公差,但装配时同样费工费时,并要求工人有较高的技术水平。

1.3　装配尺寸链

模具是由若干零、部件装配而成的。为了保证模具的质量,必须在保证各个零部件质量的同时,保证这些零、部件之间的尺寸精度、位置精度和装配技术要求。在进行模具设计、装配工艺的制定和解决装配质量问题时,都要应用装配尺寸链的知识。

在产品的装配关系中,由相关零件的尺寸(表面或轴线间的距离)或相互位置关系(同轴度、平行度、垂直度等)所组成的尺寸链,叫作装配尺寸链。装配尺寸链的封闭环就是装配后的精度和技术要求。这种要求是通过将零部件装配好以后才最后形成和保证的,是一个结果尺寸和位置关系。在装配关系中,与装配精度要求发生直接影响的那些零部件的尺寸和位置关系,是装配尺寸的组成环。组成环分为增环和减环。

装配尺寸链的基本定义、所用基本公式、计算方法,均与零件工艺尺寸链类似。应用装配尺寸链计算装配精度问题时,首先要正确地建立装配尺寸链;其次要作必要的分析计算,并确定装配方法;最后确定经济而可行的零件制造公差。

模具的装配精度要求,可根据各种标准或有关资料予以确定,当缺乏成熟资料时,常采用类比法并结合生产经验定出。确定装配方法后,把装配精度要求作为装配尺寸链的封闭环,通过装配尺寸链的分析计算,就可以在设计阶段合理地确定各组成零件的尺寸公差和技术条件。只有零件按规定的公差加工,装配按预定的方法进行,才能有效而又经济地达到规定的装配精度要求。

一、尺寸链建立

建立和解算装配尺寸链时应注意以下几点:

(1)当某组成环属于标准件(如销钉等)时,其尺寸公差大小和分布位置在相应的标准中已有规定,属已知值。

(2)当某组成环为公共环时,其公差大小及公差带位置应根据精度要求最高的装配尺寸链来决定。

(3)其他组成环的公差大小与分布应视各环加工的难易程度予以确定。对于尺寸相近、加工方法相同的组成环,可按等公差值分配;对于尺寸大小不同、加工方法不一样的组成环,可按等精度(公差等级相同)分配;加工精度不易保证时可取较大的公差值。

(4)一般公差带的分布可按"入体"原则确定,并应使组成环的尺寸公差符合国家公差与配合标准的规定。

(5)对于孔心距尺寸或某些长度尺寸,可按对称偏差予以确定。

(6)在产品结构既定的条件下建立装配尺寸链时,应遵循装配尺寸链组成的最短路线原则(即环数最少),即应使每一个有关零件(或组件)仅以一个组成环来加入装配尺寸链中,因而组成环的数目应等于有关零部件的数目。

二、尺寸链分析计算

当装配尺寸链被确定后,就可以进行具体的分析与计算工作。图 5-3(a)所示为注射模中常用的斜楔锁紧结构的装配尺寸链。在空模合模后,滑块 2 沿定模 1 内斜面滑行,产生锁紧力,使两个半圆滑块严密拼合。为此,须在定模 1 内平面和滑块 2 分型面之间留有合理间隙。

1.封闭环的确定

图 5-3(a)中的间隙是在装配后形成的,为尺寸链的封闭环,用 L_0 表示。按技术条件,间隙的极限值为 0.18~0.30mm。

1—定模 2—滑块

图 5-3 装配尺寸链

2.查明组成环

将 $L_0 \sim L_3$ 依次相连,组成封闭的装配尺寸链。该尺寸链共由 4 个尺寸环组成,如图 5-3(a)所示。L_0 是封闭环,$L_1 \sim L_3$ 为组成环。绘出相应的尺寸链图,并将各环的基本尺寸标于尺寸链图上,如图 5-3(b)所示。

根据图 5-3(b)的尺寸链,可得其尺寸链方程式为:$L_0 = L_1 - (L_2 + L_3)$。当 L_1 增大或减小(其他尺寸不变)时,L_0 亦相应增大或减小,即 L_1 的变动导致 L_0 同向变动,故 L_1 为增环。

其传递系数 $\xi_1 = +1$。当 L_2, L_3 增大时，L_0 减小；当 L_2, L_3 减小时，L_0 增大。所以 L_2, L_3 为减环，其传递系数 $\xi_2 = \xi_3 = 1$。

3. 校核组成环基本尺寸

将各组成环的基本尺寸代入尺寸链方程式得：

$$L_0 = 58 - (20 + 37) = 1(\text{mm})$$

但技术要求 $L_0 = 0$，若将 $L_1 - 1$，即 $(58-1)\text{mm} = 57\text{mm}$，则使封闭环基本尺寸符合要求。因此，各组成环基本尺寸确定为：$L_1 = 57\text{mm}$；$L_2 = 20\text{mm}$；$L_3 = 37\text{mm}$。

4. 公差计算

根据表 5-1 中的尺寸链计算公式可得：

(1) 封闭环上极限偏差为 $ES_0 = 0.30\text{mm}$。

(2) 封闭环下极限偏差为 $EI_0 = 0.18\text{mm}$。

(3) 封闭环中间偏差为 $\Delta_0 = 1/2(0.30 + 0.18) = 0.24\text{mm}$。

(4) 封闭环公差为 $T_0 = 0.30 - 0.18 = 0.12\text{mm}$。

其中 ES_0、EI_0、Δ_0 和 T_0 的下标 0 表示封闭环。

尺寸链各环的其他尺寸与公差可按表 5-1 内的公式进行计算。

表 5-1　尺寸链计算公式

序号	计算内容		计算公式	说明
1	封闭环基本尺寸		$L_0 = \sum_{i=1}^{n} \xi_i L_i$	下角标 0 表示封闭环，i 表示组成环的序号，n 表示组成环的个数
2	封闭环中间偏差		$\Delta_0 = \sum_{i=1}^{n} \xi_i \Delta_i$	Δ 表示偏差，其余同 1
3	封闭环公差	极值公差	$T_0 = \sum_{i=1}^{n} T_i$	公差值最大，T 表示公差，其余同上
		平方公差	$T_0 = \sqrt{\sum_{i=1}^{n} \xi^2 T_i^2}$	公差值最小，ξ 表示传递系数
4	封闭环极限偏差		$ES_0 = \Delta_0 + \dfrac{1}{2} T_0$ $EI_0 = \Delta_0 - \dfrac{1}{2} T_0$	ES 表示上偏差，EI 表示下偏差
5	封闭环极限尺寸		$L_{i\max} = L_0 + ES_0$ $L_{i\min} = L_0 + EI_0$	同上
6	组成环平均公差	平方公差	$T_{av} = \dfrac{T_0}{\sqrt{n}}$	同上
7	组成环极限偏差		$ES_i = \Delta_i + \dfrac{1}{2} T_i$ $EI_i = \Delta_i - \dfrac{1}{2} T_i$	同上
8	组成环极限尺寸		$L_{i\max} = L_i + ES_i$ $L_{i\min} = L_i + EI_i$	同上

第2节　模具间隙的控制方法

2.1　冲压模具间隙的控制方法

冲压模具装配的关键是如何保证凸、凹模之间具有正确、合理、均匀的间隙。这既与模具零件的加工精度有关,也与装配工艺的合理与否有关。为保证凸、凹模间的位置正确和间隙均匀,装配时总是依据图纸要求先选择其中某一主要件(如凸模或凹模或凸凹模)作为装配基准件,然后以该基准件位置为基准,用找正间隙的方法来确定其他零件的相对位置,以确保其相互位置的正确性和间隙的均匀性。

控制冲压模具间隙均匀性常用的方法有如下几种:

1. 垫片法

垫片法是根据凸、凹模配合间隙的大小,在凸、凹模配合间隙四周内垫入厚度均匀、相等的薄铜片8来调整凸模Ⅰ、凸模Ⅱ和凹模1的相对位置,保证配合间隙均匀,如图5-4所示。

(a)放垫片　　　　　　　　　(b)合模观察调整

1-凹模　2-上模座　3-凸模固定板　4-导套　5-凸模Ⅰ　2-6-导柱　7-凸模Ⅱ　8-薄铜片　9-下模座

图5-4　垫片法调整间隙

2. 测量法

测量法是将凸模组件、凹模1分别固定于上模座9、下模座3的合适位置,然后将凸模4插入凹模1型孔内,用厚薄规(塞尺)6分别检查凸、凹模不同部位的配合间隙,如图5-5所示。根据检查结果调整凸、凹模之间的相对位置,使间隙在水平四个方向上一致。该方法只适用于凸、凹模配合间隙(单边)在0.02mm以上,且四周间隙为直线形状的模具。

1-凹模　2-等高平行垫铁　3-下模座　4-凸模　5-凸模固定板
6-塞尺　7-导柱　8-导套　9-上模座

图5-5　测量法调整间隙

3.透光法

透光法是将上、下模合模后,用手持电灯或电筒灯光照射,观察凸、凹模刃口四周的光隙大小来判断间隙是否均匀,若不均匀进行调整,如图 5-6 所示。该方法适合于薄料冲裁模,对装配钳工技术水平要求高。

1-凹模　2-凸模　3-光源
4-等高平行垫铁　5-凸模固定板
图 5-6　透光法调整间隙

4.镀铜法

镀铜法是在凸模 1 的工作端刃口部位镀一层厚度等于凸、凹模单边配合间隙的铜层 2,使凸、凹模装配后获得均匀的配合间隙,如图 5-7 所示。镀铜层厚度用电流及电镀时间来控制,厚度一致,易保证模具冲裁间隙均匀。镀铜层在模具使用过程中可以自行脱落,在装配后不必去除。

1-凸模　2-镀铜层　3-凹模
图 5-7　镀铜法调整间隙

5.涂层法

涂层法原理与镀铜法相同,是在凸模上涂一层涂料(如磁漆或氨基醇酸绝缘漆等),其厚度等于凸、凹模的单边配合间隙,再将凸模插入凹模型孔,以获得均匀的配合间隙,不同的只是涂层材料。该方法适用于小间隙冲模的调整。

6.工艺定位器法

工艺定位器法如图 5-8(a)所示,装配时用一个工艺定位器 3 来保证凸、凹模的相对位置,保证各部分的间隙均匀。其中,如图 5-8(b)所示的工艺定位器 d_1 与冲孔凸模滑配,d_2 与落料凹模滑配,d_3 与冲孔凹模滑配,d_1、d_2 和 d_3 尺寸应在一次装夹中加工成形,以保证三个直径的同轴度。

1-凸模　2-凹模　3-工艺定位器　4-凸凹模

图 5-8　用工艺定位器调整间隙

7. 工艺尺寸法

工艺尺寸法如图 5-9 所示，为调整圆形凸模 1 和凹模 3 的间隙均匀，可在制造凸模 1 时，将凸模工作部分加长 1～2mm，并使加长部分 2 的直径尺寸按凹模内孔的实测尺寸按精密滑动要求配合，以便装配时凸、凹模对中、同轴，并保证模具间隙均匀。待装配完后，再将凸模加长部分 2 去除。

8. 工艺定位孔法

图 5-10 所示，是在凹模和凸模固定板相同的位置上加工两个工艺孔，装配时在定位孔内插入定位销以保证模具间隙的方法。该方法加工简单、方便（可将工艺孔与型腔用线切割方法一次装夹割出），间隙容易控制。

1-凸模　2-凸模加长部分　3-凹模

图 5-9　用工艺尺寸调整间隙

(a)凹模　　　　　　　　(b)凸模固定板

图 5-10　用工艺定位孔法调整间隙

2.2　注射模具间隙控制方法

一、大型模具

1. 装配保证

大中型模具以模具中主要零件如定模、动模的型腔、型芯为装配基准。这种情况下，定模和动模的导柱和导套孔先不加工。先将型腔和型芯加工好，装入定模板和动模板内，将型

腔和型芯之间以垫片法或工艺定位器法来调整模具间隙均匀，然后将动模部分和定模部分固定成一体，镗制导柱和导套孔。

2.机床加工保证

大中型模具的动、定模板采用整体结构时，可以在加工中心机床上一次装夹、加工出成形部分和导柱导套的固定孔，依靠加工中心机床的精度来保证模具间隙的均匀一致，如图5-11所示。

图5-11 大型、复杂整体模板的加工

二、中、小型模具

中、小型模具常采用标准模架，动、定模固定板上已装配好导柱、导套。这种情况下，将已有导向机构的动模、定模板合模后，同时磨削模板的侧基准面，保证其垂直，然后以模板侧基准面为基准组合加工固定板中的内形方框，如图5-12所示。

1-导柱 2-定模固定板 3-导套 4-动模固定板

图5-12 注射模动、定固定板内形方框的组合加工

在加工动、定模镶块时,将动、定模镶块加工时的基准按合模状态进行统一,如图 5-13 所示,并严格控制固定板与镶块的配合精度。通过以上工艺可以保证模具间隙的均匀一致。

(a) 凹模　　　　　　　　(b) 凸模固定板

图 5-13　注射模动、定模镶块加工时的基准统一

第6章　塑料模具及冲压模具装配

第1节　塑料模具装配

1.1　塑料模具装配基本知识

塑料模装配与冷冲模装配有许多相似之处,但在某些方面其要求更为严格。如塑料模闭合后要求分型面均匀密合。在有些情况下,动模和定模上的型芯也要求在合模后保持紧密接触。类似这些要求常常会增加修配的工作量。

1.2　塑料模具装配工艺过程

一、型芯的装配

1.型芯的固定方式

由于塑料模的结构不同,型芯在固定板上的固定方式也不相同,常见的固定方式如图6-1所示。

(a)采用过渡配合　(b)用螺纹固定　(c)用螺母固定　(d)大型芯的固定

1-型芯　2-固定板　3-定位销套　4-定位销　5-螺钉　6-骑缝螺钉

图6-1　型芯的固定方式

(1)采用过渡配合

图6-1(a)的固定方式其装配过程与装配带台肩的冷冲凸模相类似。为保证装配要求应注意下列几点:

①检查型芯高度及固定板厚度(装配后能否达到设计尺寸要求),型芯台肩平面应与型芯轴线垂直。

②固定板通孔与沉孔平面的相交处一般为 90°角,而型芯上与之相应的配合部位往往呈圆角(磨削时砂轮损耗形成),装配前应将固定板的上述部位修出圆角,使其不会对装配产生不良影响。

(2)用螺纹固定

图 6-1(b)所示固定方式,常用于热固性塑料压模。对某些有方向要求的型芯,当螺纹拧紧后型芯的实际位置与理想位置之间常常出现误差,如图 6-2 所示。α 是理想位置与实际位置之间的夹角,型芯的位置误差可以通过修磨 a 或 b 面来消除。

图 6-2　型芯的位置误差

(3)用螺母固定

图 6-1(c)所示螺母固定方式对于某些有方向要求的型芯,装配时只需按设计要求将型芯调整到正确位置后用螺母固定,使装配过程简便。这种固定形式适合于固定外形为任何形状的型芯,以及在固定板上同时固定几个型芯的场合。

图 6-1(b)、(c)所示型芯固定方式,在型芯位置调好并紧固后要用骑缝螺钉定位。

2.大型芯的固定

如图 6-1(d)所示。装配时可按下列顺序进行:

(1)在加工好的型芯上压入实心的定位销套。

(2)根据型芯在固定板上的位置要求将定位块用平行夹头夹紧在固定板上,如图 6-3 所示。

(3)在型芯螺孔口部抹红粉,把型芯和固定板合拢,将螺钉孔位置复印到固定板上取下型芯,在固定板上钻螺钉过孔及锪沉孔;用螺钉将型芯初步固定。

(4)通过导柱导套将卸料板、型芯和支承板装合在一起,将型芯调整到正确位置后拧紧固定螺钉。

(5)在固定板的背面划出销孔位置线,钻、铰销孔,打入销钉。

1-型芯　2-固定板　3-定位销套　4-定位块　5-平行夹头

图 6-3　大型芯与固定板的装配

二、型腔的装配

1. 整体式型腔

图 6-4 是圆形整体型腔的镶嵌形式。型腔和动、定模板镶合后,其分型面上要求紧密无缝,因此,对于压入式配合的型腔,其压入端一般都不允许有斜度。

图 6-4　整体式型腔

2. 拼块结构的型腔

图 6-5 所示的是拼块结构的型腔,这种型腔的拼合面在热处理后要进行磨削加工。

图 6-5　拼块结构的型腔

3. 拼块结构型腔的装配

为了不使拼块结构的型腔在压入模板的过程中,各拼块在压入方向上产生错位,应在拼块的压入端放一块平垫板,通过平垫板推动各拼块一起移动,如图 6-6 所示。

1-平垫板　2-模板　3-等高垫板;4、5-型腔拼块
图 6-6　拼块结构型腔的装配

4. 型芯端面与加料室底平面间间隙

图 6-7 所示是装配后在型芯端面与加料室底平面间出现了间隙,可采用下列方法消除:

图 6-7 型芯端面与加料室底平面间出现间隙

(1)修磨固定板平面 A 修磨时需要拆下型芯,磨去的金属层厚度等于间隙值 Δ。

(2)修磨型腔上平面 B 修磨时不需要拆卸零件,比较方便。

(3)修磨型芯(或固定板)台肩 C 采用这种修磨法应在型芯装配合格后再将支承面 D 磨平。此法适用于多型芯模具。

5. 装配后型腔端面与型芯固定板间间隙

图 6-8(a)所示是装配后型腔端面与型芯固定板间有间隙(Δ),为了消除间隙可采用以下修配方法:

(1)修磨型芯工作面 A 只适用于型芯端面为平面的情况。

(2)在型芯台肩和固定板的沉孔底部垫入垫片,如图 6-8(b)所示。此方法只适用于小模具。

(3)在固定板和型腔的上平面之间设置垫块,如图 6-8(c)所示,垫块厚度不小于 2mm。

(a)   (b)

(c)

图 6-8 型腔端面与型芯固定板间有间隙

三、浇口套的装配

浇口套与定模板的配合一般采用 H7/m6,压入模板后,其台肩应和沉孔底面贴紧。装配的浇口套,其压入端与配合孔间应无缝隙。所以,浇口套的压入端不允许有导入斜度,应将导入斜度开在模板上浇口套配合孔的入口处。为了防止在压入时浇口套将配合孔壁切坏,常将浇口套的压入端倒成小圆角。在浇口套加工时应留有去除圆角的修磨余量 Z,压入后使圆角突出在模板之外,如图 6-9 所示。然后在平面磨床上磨平,如图 6-10 所示。最后再把修磨后的浇口套稍微退出,将固定板磨去 0.02mm,重新压入后成为图 6-11 所示的形式。台肩对定模板的高出量 0.02mm 亦可采用修磨来保证。

图 6-9　压入后的浇口套

图 6-10　修磨浇口套

图 6-11　装配好的浇口套

四、导柱和导套的装配

导柱、导套分别安装在塑料模的动模和定模部分上,是模具合模和启模的导向装置。

导柱、导套采用压入方式装入模板的导柱和导套孔内。对于不同结构的导柱所采用的装配方法也不同。短导柱可以采用图 6-12 所示的方法压入。长导柱应在定模板上的导套装配完成之后,以导套导向将导柱压入动模板内,如图 6-13 所示。

1-导柱 2-模板 3-平行垫铁

图 6-12 短导柱的装配

1-导柱 2-固定板 3-定模板 4-导套 5-平行垫铁

图 6-13 长导柱的装配

导柱、导套装配后,应保证动模板在启模和合模时都能灵活滑动,无卡滞现象。因此,加工时除保证导柱、导套和模板等零件间的配合要求外,还应保证动、定模板上导柱和导套安装孔的中心距一致(其误差不大于 0.01mm)。压入前应对导柱、导套进行选配。压入模板后,导柱和导套孔应与模板的安装基面垂直。如果装配后启模和合模不灵活,有卡滞现象,可用红粉涂于导柱表面,往复拉动动模板,观察卡滞部位分析原因,然后将导柱退出,重新装配。在两根导柱装配合格后再装配第三、第四根导柱。每装入一根导柱均应作上述观察。最先装配的应是距离最远的两根导柱。

五、推杆的装配

注射模推出系统为推出制件所用,推出系统由推板、推杆固定板、推出元件、复位杆、小导柱、小导套等组成,导向装置(小导柱、小导套)对推出运动进行支承和导向,由复位杆对推出系统进行正确复位。塑料模具常用的推出机构是推杆推出机构,其装配的技术要求为:装配后运动灵活、无卡阻现象,推杆与推板固定板、支承板和动模固定板等过孔每边应有 0.5mm 的间隙,推杆与动模镶块采用 H7/f8 配合,推杆工作端面应高出成形表面 0.05～0.1mm,复位杆在合模状态下应低于分型面 0.02～0.05mm,如图 6-14 所示。

1-螺母 2-复位杆 3-垫圈 4-小导套 5-小导柱 6-推板
7-推杆固定板 8-推杆 9-支承板 10-动模板 11-动模镶块

图 6-14 推杆的装配与修整

1. 推出系统中导向安装孔的加工

(1)单独加工法。采用坐标镗床单独加工推板、推杆固定板上的导套安装孔和动模垫板上的导柱安装孔。

(2)组合加工法。将推板、推杆固定板与动模垫板按图 6-15 所示叠合在一起,用压板压紧,在铣床上组合钻、镗出小导柱、小导套的安装孔。

1-镗刀杆 2-镗刀头 3-推板 4-推杆固定板 5-等高平行垫铁 6-支承板

图 6-15 推出系统中导向安装孔的组合加工

2. 推杆过孔的加工

(1)支承板中推杆过孔的加工

如图 6-16 所示,将支承板 3 与装入动模镶块 1 的动模固定板 2 重叠,以动模固定板 2 中复位杆孔为基准,配钻支承板 3 上的复位杆过孔,并以动模镶块上已加工好的推杆孔为基准,配钻支承板 3 上的推杆过孔。配钻时以动模固定板 2 和支承板 3 的定位销和螺钉进行定位和紧固。

1-动模镶块 2-动模固定板 3-支承板

图 6-16 动模垫板中推杆过孔的加工

(2)推杆固定板中推杆过孔的加工

如图 6-17 所示,用小导柱 5、小导套 4 将支承板 1、推杆固定板 3 配合,用平行夹板 2 夹紧,用钻头通过支承板 1 上的孔直接复钻推杆固定板 3 上的推杆过孔和复位杆过孔。拆开后根据推杆台阶高度加工推杆固定板 3 上推杆和位杆的沉孔。

1-支承板 2-夹板 3-推杆固定板 4-小导套 5-小导柱

图 6-17 推杆固定板中推杆过孔的加工

（3）推板和推杆固定板的连接螺纹孔配制

将推板和推杆固定板叠合在一起，配钻连接螺纹孔底孔，拆开后，在推杆固定板上攻螺纹，在推板上钻螺钉过孔和沉孔。

3.推出系统的装配顺序

根据图 6-33 所示，推出系统装配顺序如下：

（1）先将小导柱 5 垂直压入支承板 9，并将端面与支承板一起磨平。

（2）将装入小导套 4 的推杆固定板 7 套装在小导柱 5 上，并将推杆 8、复位杆 2 装入推杆固定板 7、支承板 9 和动模镶块 11 的配合孔中，盖上推板 6 用螺钉拧紧，并调整使其运动灵活。

（3）修磨推杆和复位杆的长度。如果推板 6 和垫圈 3 接触时，复位杆、推杆低于型面，则修磨小导柱的台肩；如果推杆、复位杆高于型面时，则修磨推板 6 的底面。一般推杆和复位杆在加工时留长一些，装配后将多余部分磨去。修磨后的复位杆应低于分型面 0.02～0.05mm，推杆则应高于成形表面 0.05～0.10mm。

六、滑块抽芯机构的装配

塑料模具常用的抽芯机构是斜导柱抽芯机构，如图 6-18 所示。其装配技术要求为：闭模后，滑块的上平面与定模表面必须留有 $x=0.2$mm 的间隙，斜导柱外侧与滑块斜导柱孔留有 $y=0.2～0.5$mm 的间隙。

1-动模型芯 2-侧型芯 3-斜导柱 4-锁紧块 5-滑块

图 6-18 斜导柱抽芯机构的合模状态

1.将动模镶块压入动模固定板，磨上、下平面至要求尺寸

如图 6-19 所示，滑块的安装是以动模镶块的分型面 M 为基准的。动模固定板在零件

加工时,分型面留有修正余量。因此要确定滑块的位置,必须先将动模镶块装入动模固定板,并将上下平面修磨正确,修磨 M 面时应保证型腔尺寸 A。

1-动模固定板　2-动模镶块

图 6-19　以动模镶块为基准确定滑块槽位置

2. 将动模镶块压出动模固定板,精加工滑块槽

动模固定板上的滑块槽底面 N 决定于修磨后的 M 面,如图 6-19 所示。因此在 M 面修磨正确后将动模镶块压出,根据滑块实际尺寸配磨或精铣滑块槽。

3. 测定型孔位置及配制型芯固定孔

固定于滑块上的侧型芯,往往要穿过动模镶块上的配合孔而进入成型部位,并要求侧型芯与孔配合正确、滑动灵活。为达到这个要求,合理而经济的工艺应该是将侧型芯和型孔相互配制。由于侧型芯形状与加工设备不同,采取的配制方式也不同。如图 6-20 所示为圆形侧型芯穿过动模镶块的结构形式,其配合加工方法如下:

1-动模固定板　2-滑块　3-侧型芯　4-定位销　5-动模镶块

图 6-20　圆形侧型芯穿过动模镶块的结构形式

(1)如图 6-21 所示,测量出动模镶块上侧型孔相对于滑道槽的精确位置 a 与 b 的尺寸。

图 6-21 滑块槽与动模镶块侧型孔的位置尺寸测量

(2)在滑块的相应位置,按测量的实际尺寸,镗制侧型芯安装孔,如图 6-22 所示。

图 6-22 滑块上侧型芯安装孔的加工

4. 侧型芯的装配

将侧型芯装入滑块,配制销孔,穿定位销固定。如果侧型芯在模具闭合时要求与定模型芯紧密接触(图 6-23),由于零件加工中的积累误差,一般都在侧型芯端面上留出修正余量,通过装配时修正侧型芯端面来达到。修正的具体操作过程如下:

1-定模镶块 2-动模镶块 3-侧型芯 4-滑块 5-定位销 6-动模固定板 7-定模固定板

图 6-23 侧型芯端面的修整

(1)将侧型芯 3 端部磨成和定模镶块 1 相应部位吻合的形状。

(2)将未装侧型芯 3 的滑块 4 装入动模固定板 6 的滑块槽内,使滑块 4 前端面与动模镶块 2 的 A 面相接触,然后测量出尺寸 b。

(3)将侧型芯 3 装入滑块 4 后一起装入动模固定板 6 滑块槽,使侧型芯 3 前端面与定模镶块 1 相接触,然后测量出尺寸 a。

(4)由测量的尺寸 a、b,可得出侧型芯 3 前端面的修磨量为 $b-a$。

(5)将修磨正确的侧型芯 3 端面涂红丹粉,合模后观察与定模型芯的紧密接触情况。

5. 锁紧块的装配

侧型芯和定模镶块修配紧密接触后,便可确定锁紧块的位置。

(1)锁紧块装配技术要求

①模具闭合状态下,保证锁紧块和滑块之间具有足够的锁紧力。为此,在装配过程中要求在模具闭合状态下,使锁紧块和滑块的斜面接触时,分模面之间应保留 $x=0.2\text{mm}$ 的间隙,如图 6-24 所示,此间隙可用塞尺检查。

图 6-24　滑块斜面修磨量

　　②在模具闭合时锁紧块斜面必须至少 3/4 和滑块斜面均匀接触。由于在零件加工中和装配中的误差,在装配时必须加以修正,一般以修正滑块斜面较为方便,所以滑块斜面加工时,一定要留出修磨余量。装配时滑块斜面修磨量可按下列公式计算(图 6-24):

$$b=(a-0.2)\sin\theta$$

式中:b—滑块斜面修磨量,mm;

　　　a—闭模后测得的实际间隙,mm;

　　　θ—锁紧面斜度(单位:°)。

　　③在模具使用过程中,锁紧块应保证在受力状态下不向开模方向松动,因此对于分体式锁紧块要求装配后端面应与定模固定板端面处于同一平面上,如图 6-25 所示。

　　(2)锁紧块的装配方法

　　根据上述锁紧块装配要求,锁紧块的装配方法如下(图 6-25)。

　　①将锁紧块 1 装入定模固定板 3 后,将其端面与定模固定板 3 一起磨平。

　　②修磨滑块 2 的斜面,使其与锁紧块 1 的斜面紧密接触,用红粉检查接触情况。装配好后,要求滑块 2 和定模固定板 3 分模面之间应保留 0.2mm 的间隙。

1-锁紧块　2-滑块　3-定模固定板

图 6-25　锁紧块与定模固定板装配后端面平齐

　　6.镗斜导柱孔

　　将定模镶块、定模固定板、动模镶块、动模固定板、滑块和锁紧块装配、组合在一起,用平行夹板夹紧。此时锁紧块对滑块作了锁紧,分型面之间留有的 0.2mm 间隙用金属片垫实。

　　在卧式镗床上或立式铣床上进行配钻、配镗斜导柱孔。

7.松开模具,修正滑块上的斜导柱孔口倒圆角(图 6-26)

图 6-26　分体式滑块斜导柱孔口的倒圆角

8.将斜导柱压入定模固定板,一起磨平端面

9.滑块定位装置的加工、装配

模具开模后,滑块在斜导柱作用下侧向抽出。为了保证合模时斜导柱能正确、顺利地进入滑块内孔,必须对滑块设置定位装置。如图 6-27 所示是用定位板作滑块开模后的定位装置,滑块开模后的正确位置可由修正定位板接触平面进行准确调整。

图 6-27　用定位板作滑块开模后的定位

如图 6-28 所示是用球头台阶销 2、弹簧 3 作滑块定位装置,其加工装配过程为:打开模具,当斜导柱脱离滑块内孔时,合模导向机构的导柱长度较长,仍未脱离导套。在斜导柱脱出滑块时在动模固定板 5 上画线,以确定开模后滑块 1 在导滑槽内的正确位置,然后用平行夹钳将滑块 1 和动模固定板 5 夹紧,以动模固定板 5 上已加工的弹簧孔引钻滑块锥孔。然后,拆开平行夹钳,依次在动模固定板 5 上装入球头台阶销 2、弹簧 3,用螺塞 4 进行固定。

1-滑块　2-球头台阶销　3-弹簧
4-螺塞　5-动模固定板

图 6-28　用滚珠作滑块定位装置

七、总装

1.总装图

图 6-29 所示是热塑性塑料注射模的装配图,其装配要求如下:

(1)装配后模具安装平面的平行度误差不大于 0.05mm。

(2)模具闭合后分型面应均匀密合。

(3)导柱、导套滑动灵活,推件时推杆和卸料板动作必须保持同步。

(4)合模后,动模部分和定模部分的型芯必须紧密接触。

在进行总装前,模具已完成导柱、导套等零件的装配并检查合格。

材料：ABS

1-矩形推杆　2-嵌件螺杆　3-垫块　4-限位螺杆　5-导柱　6-销套
7-动模固定板　8、10-导套　9、12、15-型芯　11、16-镶块　13-浇口套　14-定模座板
17-定模　18-卸料板　19-拉料杆　20、21-推杆　22-复位杆　23-推杆固定板　24-推板

图 6-29　热塑性塑料注射模

2.模具的总装顺序

(1)装配动模部分

①装配型芯

在装配前,钳工应先修光卸料板 18 的型孔,并与型芯作配合检查,要求滑块灵活,然后将导柱 5 穿入卸料板导套 8 的孔内,将动模固定板 7 和卸料板合拢。在型芯上的螺孔口部涂红粉后放入卸料板型孔内,在动模固定板上复印出螺孔的位置。取下卸料板和型芯,在固定板上加工螺钉过孔。

把销钉套压入型芯并装好拉料杆后,将动模固定板、卸料板和型芯重新装合在一起,调整好型芯的位置后,用螺钉紧固。按固定板背面的划线,钻、绞定位销孔,打入定位销。

②配作动模固定板上的推杆孔

先通过型芯上的推杆孔,在动模固定板上钻锥窝;拆下型芯,按锥窝钻出固定板上的推杆孔。

将矩形推杆穿入推杆固定板、动模固定板和型芯(板上的方孔已在装配前加工好)。用平行夹头将推杆固定板和动模固定板夹紧,通过动模固定板配钻推杆固定板上的推杆孔。

③配作限位螺杆孔和复位杆孔

首先在推杆固定板上钻限位螺杆过孔和复位杆孔。用平行夹板将动模固定板与推杆固定板夹紧,通过推杆固定板的限位螺杆孔和复位杆孔在动模固定板上钻锥窝,拆下推杆固定板,在动模固定板上钻孔并对限位螺杆孔攻螺纹。

④装配推杆及复位杆

将推板和推杆固定板叠合,配钻限位螺钉过孔及推杆固定板上的螺孔并攻螺纹。将推杆、复位杆装入固定板后盖上推板用螺钉紧固,并将其装入动模,检查及修磨推杆、复位杆的顶端面。

⑤垫块装配

先在垫块上钻螺钉过孔、锪沉孔。再将垫块和推板侧面接触,然后用平行夹头把垫块和动模固定板夹紧,通过垫块上的螺钉过孔在动模固定板上钻锥窝,并钻、铰销钉孔。拆下垫块在动模固定板上钻孔并攻螺纹。

(2)装配定模部分

①镶块 11、16 与定模 17 的装配

先将镶块 16、型芯 15 装入定模,测量出两者突出型面的实际尺寸。退出定模,按型芯 9 的高度和定模深度的实际尺寸,单独对型芯和镶块进行修磨后,再装入定模,检查镶块 16、型芯 15 和型芯 9,看定模与卸料板是否同时接触。将型芯 12 装入镶块 11 中,用销孔定位。以镶块外形和斜面作基准,预磨型芯斜面。将经过上述预磨的型芯、镶块装入定模,再将定模和卸料板合拢,测量出分型面的间隙尺寸后,将镶块 11 退出,按测出的间隙尺寸,精磨型芯的斜面到要求尺寸。

将镶块 11 装入定模后,磨平定模的支承面。

②定模和定模座板的装配

在定模和定模座板装配前,浇口套与定模座板已组装合格。因此,可直接将定模与定模座板叠合,使浇口套上的浇道孔和定模上的浇道孔对正后,用平行夹头将定模和定模座板夹紧,通过定模座板孔在定模上钻锥窝及钻、铰销孔。然后将两者拆开,在定模上钻孔并攻螺

纹,再将定模和定模座板叠合,装入销钉后将螺钉拧紧。

八、试模

模具装配完成以后,在交付生产之前,应进行试模。试模的目的有二个:一是检查模具在制造上存在的缺陷,并查明原因加以排除;另外还可以对模具设计的合理性进行评定并对成形工艺条件进行探索,这将有益于模具设计和成形工艺水平的提高。试模应按下列顺序进行:

1. 装模

在模具装上注射机之前,应按设计图样对模具进行检验,以便及时发现问题,进行修理,减少不必要的重复安装和拆卸。在对模具的固定部分和活动部分进行分开检查时,要注意方向记号,以免合拢时搞错。

模具尽可能整体安装,吊装时要注意安全,操作者要协调一致密切配合。当模具定位圈装入注射机上定模板的定位圈座后,可以极慢的速度合模,由动模板将模具轻轻压紧,然后装上压板。通过调节螺钉,将压板调整到与模具的安装基面基本平行后压紧,如图 6-30 所示。压板位置绝不允许像图中双点划线所示。压板的数量,根据模具的大小进行选择,一般为 4 至 8 块。

1-座板　2-压紧螺钉　3-压板　4-调节螺钉
图 6-30　模具的紧固

在模具被紧固后可慢慢启模,直到动模部分停止后退,这时应调节机床的顶杆使模具上的推杆固定板和动模支承板之间的距离不小于 5mm,以防止顶坏模具。

为了防止制件溢边,又保证型腔能适当排气,合模的松紧程度很重要。由于目前还没有锁模力的测量装置,主要是凭目测和经验调节。对于需要加热的模具,应在模具达到规定温度后再校正合模的松紧程度。

最后,接通冷却水管或加热线路。对于采用液压或电动机分型模具的也应分别进行接通和检验。

2. 试模

经过以上的调整、检查,做好试模准备后选用合格原料,根据推荐的工艺参数将料筒和喷嘴加热。由于制件大小、形状和壁厚的不同,以及设备上热电偶位置的深度和温度表的误差也各有差异,因此加工某一塑料的料筒和喷嘴温度只是一个大致范围,还应根据具体条件调试。判断料筒和喷嘴温度是否合适的最好办法是将喷嘴和主流道脱开,用较低的注射压力,使塑料自喷嘴中缓慢的流出,观察料流。如果没有硬头、气泡、银丝、变色,料流光滑明亮,即说明料筒和喷嘴温度是比较合适的,可以开机试模。

在开始注射时,原则上选择在低压、低温和较长的时间条件下成型。如果制件未充满,通常先增加注射压力。当大幅度提高注射压力仍无效果时,才考虑变动时间和温度。延长时间实质上是使塑料在料筒内的受热时间增长,注射几次后若仍然未充满,才提高料筒温度。但料筒温度的上升,它与塑料温度达到平衡需要一定的时间(一般约 15min 左右),需要耐心等待,不要过快地把料筒温度升得太高,以免塑料过热甚至发生降解。

注射成型时可选用高速和低速两种工艺。一般在制件壁薄而面积大时,采用高速注射,而壁厚面积小的塑件采用低速注射,在高速和低速都能充满型腔的情况下,除玻璃纤维增强塑料外,均宜采用低速注射。

对黏度高和热稳定性差的塑料,采用较慢的螺杆转速和略低的背压加料及预塑,而粘度低和热稳定性好的塑料可采用较快的螺杆转速和略高的背压。在喷嘴温度合适的情况下,采用喷嘴固定形式可提高生产率。但是,当喷嘴温度太低或太高时,需要采用每次注射后向后移动喷嘴的形式(喷嘴温度低时,由于后加料时喷嘴离开模具,减少了散热,故可使喷嘴温度升高;而喷嘴温度太高时,后加料时可挤出一些过热的塑料)。

在试模过程中应详细记录,并将结果填入试模记录卡,注明模具是否合格。如需返修,应提出返修意见。在记录卡中应摘录成型工艺条件及操作注意要点,最好能附上注射成型的制件,以供参考。

对试模后合格的模具,应清理干净,涂上防锈油后入库。

3.试模鉴定

模具检验是保证模具质量的一个重要环节,一般分为零件检验、部件检验和整模检验,并以试生产出合格塑件为最终检验条件。塑料模具具体验收的技术要求内容参见表 6-1。

表 6-1　塑料模具验收的技术要求

序号	验收项目		说明
1	塑件技术要求	几何形状、尺寸与尺寸精度、形状公差	主要根据产品图上标注和注明的尺寸与尺寸公差、形状位置及其他技术要求
		表面粗糙度	
		表面装饰性	
2	模具零件技术要求	凸模与凹模质量标准、零部件质量、其他辅助零件质量	塑料注塑模零件及技术条件(GB4169—4170);塑料注塑模模架(GB/T12555,12556)
3	模具装配与试模技术要求	模具整体尺寸和形状位置精度	1.塑料注射模技术条件(GB/T12554) 2.检查塑件是对模具质量的综合检验,即塑件必须符合用户产品零件图样上的所有要求;3.模具外观须符合用户和标准规定
		模具导向精度	
		间隙及其均匀性	
		使用性能和寿命	
		塑件检查	
		模具外观检查	
4	标记、包装、运输		

模具在交付使用前,应进行试模鉴定,必要时还需要做小批试生产鉴定。试模鉴定的内容包括:模具是否能顺利地成型出塑件,成型塑件的质量是否符合要求,模具结构设计和模具制造质量是否合理,模具采用的标准是否合理,塑件成形工艺是否合理等。试模时应由模具设计、工艺编制、模具装配、设备操作及模具用户等有关人员一同进行。

注射模试模过程中容易产生的缺陷及原因见表 6-2。

表 6-2　注射模试模中容易产生的缺陷及原因

原因＼缺陷	注不满	溢料	缩痕	银丝	熔接痕	气泡	裂纹	翘曲变形
料筒温度太高		√	√	√		√		√
料筒温度太低	√				√		√	
模具温度太高			√					√
模具温度太低	√		√		√	√	√	
注射压力太大		√					√	√
注射压力太小	√			√		√		
注射时间太长				√		√	√	
注射时间太短	√		√					
原料含水量过多				√		√		
浇口太小	√		√	√	√			
排气不好	√			√		√		
制件太薄	√							
制件太厚			√			√		√
注塑机注射能力不足	√		√	√				
锁模力不足		√						

试模合格的模具,应清理干净,涂油防锈后入库。

1.3　注射模具装配案例

下面以图 6-31 所示的注射模具为例,说明塑料模具装配的过程。

1-浇口套 2-定位销 3-型芯 4,11-内六角螺栓 5-定模座板 6-定模板 7-推件板
8-型芯固定板 9-支承板 10-推杆 12-动模垫块 13-动模座板 14-推板
15-螺钉 16-推杆固定板 17,21-导柱 18-拉料杆 19,20-导套

图 6-31 热塑性塑料注射模具

一、装配动模部分

(1)装配型芯固定板、动模垫块、支承板和动模座板。装配前,型芯 3、导柱 17 及 21、拉料杆 18 已压入型芯固定板 8 和支承板 9 并已检验合格。装配时,将型芯固定板 8、支承板 9、动模垫块 12 和动模座板 13 按其工作位置合拢、找正并用平行夹板夹紧。以型芯固定板 8 上的螺孔、推杆孔定位,在支承板 9、动模垫块 12 和动模座板 13 上钻出螺孔、推杆孔的锥窝,然后,拆下型芯固定板 8,以锥窝为定位基准钻出螺钉过孔、推杆过孔和锪出推杆螺钉沉孔,最后用螺钉拧紧固定。

(2)装配推件板。推件板 7 在总装前已压入导套 19 并检验合格。总装前应对推件板 7 的型孔先进行修光,并且与型芯作配合检查,要求滑动灵活、间隙均匀并达到配合要求。将推件板 7 套装在导柱和型芯上,以推件板平面为基准测量型芯高度尺寸,如果型芯高度尺寸大于设计要求,则进行修磨或调整型芯,使其达到要求;如果型芯高度尺寸小于设计要求,则需将推件板平面在平面磨床上磨去相应的厚度,保证型芯高度尺寸。

(3)装配推出机构。将推杆 10 套装在推杆固定板 16 上的推杆孔内并穿入型芯固定板 8 的推杆孔,再套装在推板导柱上,使推板 14 和推杆固定板 16 重合。在推杆固定板 16 螺

孔内涂红粉,将螺钉孔位复印到推板 14 上,然后取下推杆固定板 16,在推板 14 上钻孔并攻丝后,重新合拢并拧紧螺钉固定。装配后,进行滑动配合检查,经调整使其滑动灵活、无卡阻现象。最后,将推件板 7 拆下,把推板 14 放到最大极限位置,检查推杆 10 在型芯固定板 8 上平面露出的长度,将其修磨到和型芯固定板 8 上平面平齐或低 0.02mm。

二、装定模部分

总装前浇口套 1、导套 20 都已装配结束并检验合格。装配时,将定模板 6 套装在导柱 21 上并与已装浇口套 1 的定模座板 5 合拢,找正位置,用平行夹板夹紧。以定模座板 5 上的螺钉孔定位,对定模板 6 钻锥窝,然后拆开,在定模板 6 上钻孔、攻丝后重新合拢,用螺钉拧紧固定,最后钻、铰定位销孔并打入定位销。

经以上装配后,要检查定模板 6 和浇口套 1 的锥孔是否对正,如果在接缝处有错位,需进行铰削修整,使其光滑一致。

第 2 节　冷冲模具装配

模具质量取决于模具零件质量和装配质量,装配质量又与零件质量有关,也与装配工艺有关。装配工艺根据模具结构以及零件加工工艺不同而有所不同。

以图 6-32 所示冲裁模为例,说明冲裁模的装配方法。

1-下模座　2-凹模　3-定位板　4-弹压卸料板　5-弹簧　6-上模座　7、18-固定板
8-垫板　9、11、19-销钉　10-凸模　12-模柄　13、17-螺钉　14-卸料螺钉　15-导套　16-导柱
图 6-32　冲裁模

2.1　冲压模具装配基本知识

一、冲裁模装配的技术要求

(1)装配好的冲模,其闭合高度应符合设计要求。

（2）模柄装入上模座后，其轴心线对上模座上平面的垂直度误差，在全长范围内不大于 0.05mm。

（3）导柱和导套装配后，其轴心线应分别垂直度于下模座的底平面和上模座的上平面。

（4）上模座的上平面应和下模座的底平面平行。

（5）装入模架的每对导柱和导套的配合间隙值应符合规定要求。

（6）装配好的模架，其上模座沿导柱上、下移动应平稳，无阻滞现象。

（7）装配后的导柱，其固定端面与下模座下平面应保留 1～2mm 距离，选用 B 型导套时，装配后其固定端面低于上模座上平面 1～2mm。

⑧凸模和凹模的配合间隙应符合设计要求，沿整个刃口轮廓应均匀一致。

⑨定位装置要保证定位正确可靠。

⑩卸料及顶件装置灵活、正确、出料孔畅通无阻，保证制件及废料不卡在冲模内。

⑪模具应在产生的条件下进行试验，冲出的制件应符合设计要求。

二、模架的装配

1.模柄的装配

以压入式模柄装配为例。压入式模柄与上模座的配合为 H7/m6，在总装配凸模固定板和垫板之前，应先将模柄压入模座内。如图 6-33(a)所示，装配时，将上模座 3 放在等高平行垫铁 5 上，利用压力机将模柄 1 慢慢压入（或用铜棒垂直敲入）上模座 3，要边压边检查模柄 1 的垂直度，直至模柄 1 台阶面与上模座 3 安装孔台阶面接触为止。检查模柄 1 和上模座 3 上平面的垂直度，要求模柄 1 轴心线对上模座 3 上平面的垂直度误差在模柄长度内不大于 0.05mm。检查合格后配钻防转销孔，安装防转销，然后在平面磨床上与上模座一起磨平端面，如图 6-33(b)所示。

(a)压入模柄　　　(b)磨平端面

1-模柄　2-砂轮　3-上模座　4-防转销　5-等高平行垫铁

图 6-33　压入式模柄的装配

2.导柱和导套的装配

以压入式模架装配为例。压入式模架的导柱和导套与上、下模座采用 H7/r6 配合。按照导柱、导套的安装顺序，有以下两种装配方法。

（1）先压入导柱的装配方法

①选配导柱和导套。按模架精度等级要求，选配导柱和导套，使其配合间隙符合技术要求。

②压入导柱。如图 6-34 所示,将下模座 4 平放在压力机工作台上,将导柱 2 置于下模座 4 孔内,将压块 1 顶在导柱 2 中心孔上。在压前和压入过程中,在两个垂直方向上用千分表 3 检验和校正导柱 2 的垂直度。最后将导柱 2 慢慢压入下模座 4,检测导柱 2 与下模座 4 基准平面的垂直度,不合格时退出重新压入。

1-压块 2-导柱 3-千分表 4-下模座
图 6-34 压入导柱

③装导套。如图 6-35 所示,将下模座 4 反置套在导柱 2 上,然后套上导套 1,用千分表检测导套压配部分内外圆的同心度,并将其最大偏差 Δ_{max} 放在两导套中心连线的垂直位置,这样可减少由于不同心而引起的中心距变化。

④压入导套。将帽形垫块 1 放在导套 2 上,用压力机将导套 2 压入上模座 3 一部分,取走下模座及导柱,仍用帽形垫块将导套全部压入上模座,如图 6-36 所示。

1-导套 2-导柱 3-上模座 4-下模座
图 6-35 安装导套

1-帽形垫块 2-导套 3-上模座
图 6-36 压入导套

⑤检验模架平行度精度。将下模座底面放置在平板上,使上模座与下模座对合,中间垫上球形垫块,如图 6-37 所示。用千分表检测上模座的上平面,在被测表面内取千分表的最大与最小读数之差,即为被测模架的平行度误差。

图 6-37 模架平行度检查

（2）先压入导套的装配方法

①选配导柱和导套。

②压入导套。如图6-38所示，将上模座3放在专用工具4的平板上，专用工具4上有两个与底面垂直、与导柱直径相等的圆柱，将导套2分别套在两个圆柱上，垫上等高平行垫块1，在压力机上将导套2压入上模座3中。

1-等高平行垫铁　2-导套　3-上模座　4-专用工具

图6-38　压入导套

③压入导柱。如图6-39所示，在上模座1和下模座5间垫入等高垫块3，将导柱4插入导套2内。在压力机上将导柱4压入下模座5内约5～6mm，然后将上模座1提升至导套2不脱离导柱4的最高位置，如图6-27中双点画线所示位置，然后再轻轻放下，检验上模座1与等高平行垫块3接触的松紧是否均匀；如果松紧不均匀，则调整导柱4至接触均匀为止。然后将导柱4压入下模座5中。

1-上模座　2-导套　3-等高平行垫块　4-导柱　5-下模座

图6-39　压入导柱

④检验模架平行度精度。

2.2 冷冲模具凹凸模的装配

一、凹模和凸模的装配

凹模与固定板的配合长采用 H7/n6,或 H7/m6。

凸模与固定板的配合长采用 H7/n6,或 H7/m6。

1.凸模的装配

装配结构如图 6-40 所示。

1-凸模　2-固定板　3-等高垫块

图 6-40　凸模装配

在平面磨床上将凸模的上端面和固定板一起磨平,如图 6-41 所示。

(a)　　　　　　　　　　　　　　(b)

图 6-41　磨支撑面

固定端带凸肩的凸模如图 6-42 所示。

图 6-42　带凸肩的凸模装配

二、低熔点合金和粘结技术的应用

1.低熔点合金固定法

浇注时,以凹模的型孔作定位基准安装凸模,用螺钉和平行夹头将凸模、9模固定板和托板固定,如图 6-43 所示。

(a) 固定凸模   (b) 浇注低熔点合金

1-平行夹头 2-托板 3-螺钉 4-固定板 5-等高垫铁 6-凹模 7-凸模 8-平板

图 6-43 浇注低熔点合金

2. 环氧树脂固定法

（1）结构形式

图 6-44 所示是用环氧树脂黏结法固定凸模的几种结构形式。

1-凸模固定板 2-环氧树脂 3-凸模

图 6-44 用环氧树脂黏结法固定凸模的形式

（2）环氧树脂黏结剂的主要成分

n 环氧树脂、增塑剂、硬化剂、稀释剂及各种填料。

（3）浇注

浇注方式如图 6-45 所示。

1-凹模 2-垫块 3-凸模 4-固定板 5-环氧树脂 6-平台 7-垫片

图 6-45 用环氧树脂粘结剂浇注固定凸模

3. 无机粘结法

（1）与环氧树脂粘结法相类似，但采用氢氧化铝的磷酸溶液与氧化铜粉末混合作为粘结剂。

(2)无机粘结工艺：

清洗→安装定位→调粘结剂→粘结剂固定

(3)特点：

操作简便,粘结部位耐高温、抗剪强度高,但抗冲击的能力差、不耐酸、碱腐蚀。

三、总装

图 6-30 所示冲模在使用时,下模座部分被压紧在压力机的工作台上,是模具的固定部分。上模座部分通过模柄和压力机的滑块连为一体,是模具的活动部分。模具工作时安装在活动部分和固定部分上的模具工作零件,必须保持正确的相对位置,能使模具获得正常的工作状态。装配模具时为了方便地将上、下两部分的工作零件调整到正确位置,使凸模、凹模具有均匀的冲裁间隙,应正确安排上、下模的装配顺序。否则,在装配中可能出现困难,甚至出现无法装配的情况。

上、下模的装配顺序应根据模具的结构来决定。对于无导柱的模具,凸、凹模的配合间隙是在模具安装,到压力机上时才进行调整,上、下模的装配先后对装配过程不会产生影响,可以分别进行。

装配有模架的模具时,一般总是先将模架装配好,再进行模具工作零件和其他结构零件的装配。是先装配上模部分还是下模部分,应根据上模和下模上所安装的模具零件,在装配和调整过程中所受限制的情况来决定。如果上模部分的模具零件在装配和调整时所受的限制最大,应先装上模部分,并以它为基准调整下模上的模具零件,保证凸、凹模配合间隙均匀。反之,则先装模具的固定部分,并以它为基准调整模具活动部分的零件。

图 6-46 所示冲模在完成模架和凸、凹模装配后可进行总装,该模具宜先装下模。

1-垫片　2-凸模　3-等高垫铁　4-凹模
图 6-46　用垫片法调整凸、凹模配合间隙

1.装配顺序

(1)把组装好凹模的固定板安放在下模座上,按中心线找正固定板 18 的位置,用平行夹头夹紧,通过螺钉孔在下模座上钻出锥窝。拆去凹模固定板,在下模座上按锥窝钻螺纹底孔并攻丝。再重新将凹模固定板置于下模座上找正,用螺钉紧固。钻铰销孔,打入销钉定位。

(2)在组装好凹模的固定板上安装定位板。

(3)配钻卸料螺钉孔。将卸料板 4 套在已装入固定板的凸模 10 上,在固定板上钻出锥窝,拆开后按锥窝钻固定板上的螺钉过孔。

(4)将已装入固定板的凸模 10 插入凹模的型孔中。在凹模 2 与固定板 7 之间垫入适当高度的等高垫铁,将垫板 8 放在固定板 7 上。再以套柱导套定位安装上模座,用平行夹头将

上模座 6 和固定板 7 夹紧。通过凸模固定板孔在上模座上钻锥窝,拆开后按锥窝钻孔,然后用螺钉将上模座、垫板、凸模固定板稍加紧固。

(5)调整凸、凹模的配合间隙。将装好的上模部分套在导柱上,用手锤轻轻敲击固定板7 的侧面,使凸模插入凹模的型孔。再将模具翻转,从下模板的漏料孔观察凸、凹模的配合间隙,用手锤敲击凸模固定板 7 的侧面进行调整使配合间隙均匀。为便于观察可用手灯从侧面进行照射。

经上述调整后,以纸作冲压材料,用锤子敲击模柄,进行试冲。如果冲出的纸样轮廓齐整,没有毛刺或毛刺均匀,说明凸、凹模间隙是均匀的,如果只有局部毛刺,则说明间隙是不均匀的,应重新进行调整直到间隙均匀为止。

(6)调好间隙后,将凸模固定板的紧固螺钉拧紧。钻铰定位销孔,装入定位销钉。装入定位销钉将卸料板 4 套在凸模上,装上弹簧和卸料螺钉,检查卸料板运动是否灵活。在弹簧作用下卸料板处于最低位置时,凸模的下端面应缩在卸料板 4 的孔内约 0.5～1mm。

装配好的模具经试冲、检验合格后即可使用。

2.调整冲裁间隙的方法

在模具装配时,保证凸、凹模之间的配合间隙均匀十分重要。凸、凹模的配合间隙是否均匀,不仅影响冲模的使用寿命,而且对于保证冲件质量也十分重要。具体方法有以下几种。

(1)透光法

(2)测量法

这种方法是将凸模插入凹模型孔内,用塞尺检查凸、凹模不同部位的配合间隙,根据检查结果调整凸、凹模之间的相对位置,使两者在各部分的间隙一致。测量法只适用于凸、凹模配合间隙(单边)在 0.02mm 以上的模具。

(3)垫片法

这种方法是根据凸、凹模配合间隙的大小,在凸、凹模的配合间隙内垫入厚度均匀的纸条(易碎不可靠)或金属片,使凸、凹模配合间隙均匀如图 6-46 所示。

(4)涂层法

在凸模上涂一层涂料(如磁漆或氨基醇酸绝缘漆等),其厚度等于凸、凹模的配合间隙(单边),再将凸模插入凹模型孔,获得均匀的冲裁间隙,此法简便,对于不能用垫片法(小间隙)进行调整的冲模很适用。

(5)镀铜法

镀铜法和涂层法相似,在凸模的工作端镀一层厚度等于凸、凹模单边配合间隙的铜层代替涂料层,使凸、凹模获得均匀的配合间隙。镀层厚度用电流及电镀时间来控制,厚度均匀,易保证模具冲裁间隙均匀。镀层在模具使用过程中可以自行剥落而在装配后不必去除。

2.3　冲裁模具装配案例

一、单工序冲裁模装配

如图 6-47 所示为单工序冲裁模,其装配基准件为凹模,应先装配下模部分,再以下模凹模为基准装配、调整上模中凸模和其他零件。

1-下模座;2、15-销钉;3、16-螺钉　4-凹模　5-导柱　6-导套　7-上模座;
8-卸料板　9-橡皮　10-凸模固定板　11-垫板　12-弹压螺钉　13-凸模　14-模柄

图6-47　单工序冲裁模

1.组件装配

(1)将凸模13装入凸模固定板10内,磨平端面,作为凸模组件。

(2)将模柄14压入上模座内,磨平端面。

2.总装

(1)装配下模部分

将凹模4放置于下模座1的中心位置,用平行夹板将凹模4和下模座1夹紧,以凹模4中销钉孔、螺纹孔为基准,在下模座1上预钻螺纹孔锥窝、钻铰销钉孔成。拆下凹模4,按预钻的锥窝钻下模座1中的螺纹过孔及沉孔成。再重新将凹模4放置于下模座1上,找正位置,装入定位销2,并用螺钉3紧固。

(2)装配上模部分

①配钻卸料螺纹孔。将卸料板8套在凸模组件上,在凸模固定板10与卸料板8之间垫入适当高度的等高平行垫铁,目测调整凸模13与卸料板8之间的间隙均匀,并用平行夹板将其夹紧。按卸料板8上的螺纹孔在凸模固定板10上钻出锥窝,拆开平行夹板后按锥窝钻凸模固定板10上的螺纹过孔。

②将凸模组件装在上模座上。将装好的下模部分平放在平板上,在凹模4上放上等高平行垫块,将凸模13装入凹模4内。以导柱5、导套6定位安装上模座7,用平行夹板将上模座7和凸模固定板10夹紧。通过凸模固定板10上螺纹孔在上模座7上钻锥窝,拆开后按锥窝钻孔,然后用螺钉16将上模座7和凸模固定板10稍加紧固。

③调整凸、凹模间隙。将装好的上模部分通过导套装在下模的导柱上,用手锤轻轻敲击凸模固定板10的侧面,使凸模13插入凹模4的型孔。再将模具翻转,用透光调整法从下模座1的漏料孔观察及调整凸、凹模的配合间隙,使间隙均匀。然后用硬纸片进行试冲。如果

纸样轮廓整齐、无毛刺或周边毛刺均匀,说明四周间隙一致;如果局部有毛刺或周边毛刺不均匀,说明四周间隙不一致,需要重新调整间隙至一致为止。

④上模配制销钉孔。调好间隙后,将凸模固定板 10 的紧固螺钉 16 拧紧,然后在钻床上配钻、配铰凸模固定板 10 与上模座 7 的定位销孔成,最后装入销钉 15。

⑤装卸料板。将橡皮 9、卸料板 8 套在凸模 13 上,装上卸料螺钉 12,调整橡皮预压紧量大约 10%,保证当卸料板 8 处于最低位置时,凸模 13 的下端面低于卸料板平面约 0.5～1mm。检查卸料板运动是否灵活。

3.检验

按冲模技术条件(GB/T 14662—93)进行检验。

二、复合冲裁模装配

复合模结构紧凑,内、外型表面相对位置精度要求高,冲压生产效率高,对装配精度的要求也高。现以图 6-48 所示的冲裁复合模为例说明复合模的装配过程。

1、18-螺钉 2、24-销钉 3-弹压螺钉 4-下模座 5-下垫板 6-导柱 7-凸凹模固定板
8-橡皮 9-卸料板 10-凸凹模 11-导料销 12-凹模 13-导套 14-推件块
15-凸模 16-三叉打板 17-防转销 19-上模座 20-模柄 21-打料杆
22-三叉打料杆 23-上垫板 25-空心垫板 26-凸模固定板

图 6-48 冲裁复合模

1.组件装配

(1)将凸模 15 装入凸模固定板 26 内,磨平端面,这一过程为凸模组件装配。

(2)将凸凹模 10 装入凸凹模固定板 7 内,磨平端面,这一过程为凸凹模组件装配。

(3)待上模部分配钻螺纹孔、销钉孔后,将模柄 20 装入上模座 19 内,配打防转销孔,装入防转销 17。

2.总装

(1)确定装配基准件

冲裁复合模以凸凹模 10 作为装配基准件。

(2)安装下模部分

①确定凸凹模组件在下模座 4 上的位置。将凸凹模组件放置于下模座 4 的中心位置，用平行夹板将凸凹模组件与下模座 4 夹紧，通过凸凹模组件螺纹孔在下模座上钻锥窝，并在下模座 4 上划出漏料孔线。

②拆开平行夹板，按锥窝加工下模座 4 漏料孔和螺钉过孔及沉孔。注意：下模座 4 漏料孔尺寸应比凸凹模漏料孔尺寸单边大 0.5~1mm。

③安装凸凹模组件。将凸凹模组件与下模座 4 用螺钉 1 固定在一起，配钻、配铰销钉孔，装入定位销 2。

(3)安装上模部分

①检查上模各个零件尺寸是否满足装配技术条件要求。如推件块 14 放入凹模 12，使台阶面相互接触时，推件块 14 端面应高出凹模 12 端面 0.5~1mm；打料系统各零件是否合适，动作是否灵活等。

②安装上模、调整冲裁间隙。将安装好凸凹模组件的下模部分放在平板上，用平行夹板将凹模 12、凸模组件、上垫板 23、空心垫板 25、上模座 19 轻轻夹紧，然后用工艺尺寸法调整凸模组件、凹模 12 和凸凹模 10 的冲裁间隙。用硬纸片进行手动试冲，当内、外形冲裁间隙均匀时，用平行夹板将上模部分夹紧。

③配钻、配铰上模各销孔和螺孔。将用平行夹板夹紧的上模部分在钻床上以凹模 12 上的销孔和螺钉孔作为引钻孔，配钻螺纹过孔，配钻、配铰销钉孔。拆掉平行夹板，钻上模座 19 中的螺纹沉孔成。

④将模柄 20 装入上模座 19 内，配打防转销孔，装入防转销 17。

⑤装入销钉 24 和螺钉 18，将上模部分安装好。

(4)安装弹压卸料部分

①将卸料板 9 套在凸凹模 10 上，在卸料板 9 与凸凹模组件端面间垫上等高平行垫块，保证卸料板 9 上端面与凸凹模 10 上平面的装配位置尺寸；用平行夹板将卸料板 9 与下模夹紧，然后在钻床上同钻卸料螺钉孔。拆掉平行夹板，将下模各板的卸料螺钉孔加工到规定尺寸。

图 6-49　弹性卸料装置装配要求

②在凸凹模组件上安装橡皮 8,在卸料板上 9 安装挡料销,拧紧弹压螺钉 3,使橡皮 8 预压紧量约为 10%,并使凸凹模 10 的上端面低于卸料板 9 的端面约 1mm,如图 6-49 所示。

3.检验

按冲模技术条件(GB/T 14662—1993)进行总装配检验。

4.试模(试冲)

试冲是模具装配的重要环节,按照图样加工和装配好的冲模,必须经过试模、调整后,才能作为成品交付生产使用。

成品的冲模,应该达到下列要求:

①能顺利地将冲模安装到指定的压力机上。

②能稳定地冲出合格的冲压零件。

③能安全地进行操作使用。

通常,仅仅按照图样加工和装配好的冲模,还不能完全达到上述要求,因为冲压件设计、冲压工艺、冲模设计直到冲模制造,任何一个环节的缺陷,都将在冲模调整中得到反映,都会影响冲模达到上述要求。所以,冲模试冲的目的和任务就是在正常生产条件下,通过试冲发现模具设计和制造缺陷,找出原因,对模具进行适当的调整和修理后再试冲,直到冲出合格制件,并能安全、稳定地投入生产使用,模具的装配过程即宣告结束。

因此,冲模试冲包括下列内容:

①将冲压模正确安装到指定的压力机上。

②用图样上规定的材料在模具上进行试冲。

③根据试冲出制件的质量缺陷,分析原因,找出解决办法,然后进行修理、调整,再试模,直至稳定冲出一批合格制件。

④排除影响安全生产、质量稳定和操作方便等因素。如卸料、顶件力量是否足够,卸料、顶件行程是否合适,漏料孔和出料槽是否畅通无阻等。

等全部完成上述内容后,冲模即可作为成品入库,交付生产使用。

冲模在每次生产使用之前,还要进行生产调整。但是,这种调整工作,比起前面所述内容,要简单和容易得多。

参考文献

[1]宋建丽.模具制造技术.北京:机械工业出版社,2012

[2]周本凯.冷冲压模具制造技术.北京:化学工业出版社,2011

[3]王广春,赵国群.快速成型与快速模具制造技术及其应用(第3版).北京:机械工业出版社,2013

[4]冯亚生,崔春芳.注塑模具与制造技术(塑料注塑加工的关键设备).北京:化学工业出版社,2013

[5]叶青花,俞俊.冲压模具与制造技术(塑料模具中的冲压模具).北京:化学工业出版社,2013

[6]李发致.模具先进制造技术.北京:机械工业出版社,2003

[7]张信群.王雁彬.模具制造技术.北京:人民邮电出版社,2009

[8]李云程.模具制造技术(第2版).北京:机械工业出版社,2014